おかたいデザイン

平本 久美子

はじめに

自分でデザインしてみたけれど、なぜかゴチャゴチャになる。
せっかく作ったのに、あまり効果がない気がする…。

私はこれまで広報アドバイザーとして、全国の自治体や教育機関など、比較的「おかたい」職場で自作デザインをしている皆さんのお悩みに触れてきました。

本著『おかたいデザイン』は、ノンデザイナーの皆さんがついつい作ってしまいがちなおかたい作例と、それを改善した作例をビフォー＆アフターで見比べながら、デザインのコツを理解していく入門書です。改善ポイントと合わせ、その目的と理由をひとつずつ解説しています。

上記のほかにも、「デザインのパターンは無数にあって、何が正解がわからない」というお悩みもよく聞きます。この、デザインの「正解」とは何でしょうか。今っぽくて、オシャレでかっこいいことでしょうか。

例えば、

「オシャレなチラシにしたら、若い人が手に取ってくれた」
「わかりやすいリーフレットを作ったら、相談件数が増えた」
「スライドの構成を見直したら、いいプレゼンだと褒められた」

こんな風に、作った結果、何かが解決するなど、**物事が少しでも良い方向へ進めば、それがそのデザインの正解**だと言えます。

オシャレでかっこよくすることは表面的な工夫のひとつに過ぎず、いつもそれが優先されるべきとは限りません。デザインから不信感や悪印象を感じてしまう時は、構成や言葉の選び方など、**デザインの根本的な部分を見直す**ことで、伝わり方がグッと改善します。

チラシや広報紙などの広報物だけでなく、社内文書、プレゼンスライドなどのビジネス資料まで、届けたいメッセージがしっかり相手に届きますように。本著がその一助になれば幸いです。

平本 久美子

著者PROFILE｜グラフィックデザイナー、（公社）日本広報協会広報アドバイザー。奈良県生駒市在住。イベントポスターやチラシ、パンフレット、商品パッケージなど地域に根ざしたデザインを手がける傍ら、全国の自治体職員を対象にノンデザイナー向けデザイン研修の講師を務める。代表著書の『やってはいけないデザイン』（翔泳社）は13刷を重ね、ノンデザイナー向けデザイン入門書の定番となっている。

おかたいデザイン ビフォー＆アフター

「おかたい」職場では、お手本とするデザインが少なかったり、何年も前から引き継がれてきたデータが使われていたりして、ずっとイマイチなデザインのまま…なんてこともありがち。ビジネスシーンでこんな感じのデザイン、見たことありませんか?

地域の皆様に愛されて10年

英会話教室
GARDEN

ビジネス英語を
伸ばしたい方に！
初心者も歓迎！

ネイティブ講師と
日本人講師の
ダブルサポート！

ZOOMを使った
オンラインでも
レッスン可能！

きょうだい割、
家族割でお得な
レッスン料！

お気軽にお電話ください！

電話 01-2345-6789

郊外で英会話教室を経営しています。**表紙って一番見られるから、ここでうちのことが全部伝わってほしい**と思って、こんな構成にしてみたんですが、あまり手に取ってもらえないようで…なぜですか！？

ビジネス英語に強くなる！

大人の英会話教室

GARDEN

初心者にやさしい教室

オンラインレッスン対応

体験無料

英会話教室ガーデン
01-2345-6789

リーフレットは大きな名刺のようなもの。初めてこの教室を知る人のために、まず表紙では、**一番の特色を伝えて興味を引くことが大切**です。パッと目にとまり、いい印象のするデザインを意識しましょう。

詳細は132ページで →

私たちについて

地域に、子どもたちの居場所を。

子どもたちを支えることは、未来を支えること。私たちは、
地域の子どもたちと、そのお母さんの居場所づくりを目的
に活動しています。
放課後みんなで集まれる、駄菓子屋を。みんなで育てた畑
の野菜を一緒に食べる、地域食堂を。学校に登校しない子
どもたちに、公立学校と連携したフリースクールを。
出来ないと言われても、小さな信頼を積み重ね、一つずつ
実現してきました。活動を支えてくださっているのは、私
たちを応援してくださる地域サポーターの皆さんです。

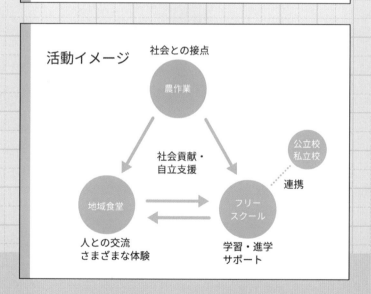

自分たちの活動やポリシーを伝えるためのプレゼン
資料。わかりやすくまとめたつもりですが、**文字だら
けで読む気がしない**と指摘されました。どうしたらもっ
と伝わりやすくなりますか？

私たちについて

地域に、子どもたちの居場所を。

子どもたちを支えることは、未来を支えること。私たちは、地域の子どもたちとそのお母さんの居場所づくりのために、地域のサポーターの皆さんと活動しています。

 駄菓子屋
 地域食堂
 フリースクール

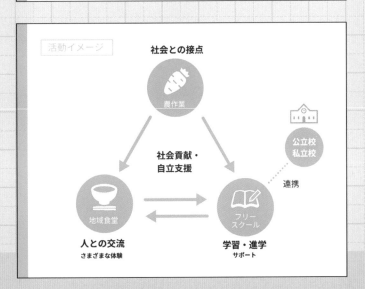

活動イメージ

社会との接点
農作業

公立校
私立校

連携

社会貢献・自立支援

地域食堂
人との交流
さまざまな体験

フリースクール
学習・進学
サポート

自分たちのことを説明する時、つい熱量を長文に乗せてしまいがちですが、**文字だけで伝えようとすると、聞き手が理解するまで時間がかかってしまいます。** 適宜画像を組み合わせて、伝わるスピードを改善しましょう。

詳細は112ページで

翔泳小だより

令和4年度学校だより
令和4年5月20日発行
翔泳小学校 No.2
文責：校長 翔泳 太郎

6月号

今月の目標「つねにみんなを助ける やさしい 翔泳っ子」

新年度がスタートして2ヶ月が過ぎました。依然として感染予防対策で制約のある学校生活ですが、学校で顔を合わせて、学校でしかできない体験学習や学習活動を大切にすすめています。学力テストでは、いつもと違うテストの受け方に戸惑うこともありました。避難訓練では防災頭巾をかぶり無言で避難経路を確認しました。今月の目標に沿って、6年生が1年生の教室で一緒に掃除をする、お兄さんお姉さんとしての活動も始まりました。今後は、6月開催予定の運動会に向けての活動も本格化していきます。今年度の運動会は1年生から6年生までの発表を1日で行います。当日の進行はもちろん、練習期間中も感染対策を徹底し、全員が元気に運動会を迎え、笑顔で終えることができるように指導・支援を行います。ご家庭におかれましては、体調管理、水筒やタオル等の準備等、頑張る子供たちのサポートをよろしくお願いいたします。

自然観察教室 〜自然がいっぱいの翔泳公園へ〜

5月1日に3年生を対象とした自然観察教室がありました。いつも遊んでいる公園の景色ですが、自然博物館の先生をガイドに迎えて珍しいお話を聞くと知らないことがいっぱいでした。公園には2本の大きなイチョウがあります。イチョウの木が5月のこの時期に花を咲かせていることに気付いている人は少ないでしょう。イチョウの隣には大きなびわの木もありました。6〜7月頃には実を付けますが、食べごろの判断は「鳥が食べ始めること」とのことでした。先日HPでも紹介した池のオタマジャクシは、もうすぐヒキガエルになります。ヒキガエルの寿命は15年でとっても長生きです。池の隣にはリンゴの木もあります。昨年も小さいですが実を付けていたようです。駐車場前には、校歌にも登場する黒松があります。先生からはどの部分が松ぼっくりに変化するかを教わりました。最後に観察したメタセコイヤは「生きた化石」と呼ばれ、絶滅と思われていたが、数十年前に中国で発見された、大変貴重な木であることがわかりました。先生の話を聞いた3年生は、気づいたことや発見したことをノートに記録したり、水辺の植物や生き物をさわったりしながら体験と理解を深める時間となりました。

他にも紹介したい自然がいっぱい！

入学おめでとうオンライン集会 〜ようこそ1年生〜

入学おめでとう！

4月20日の5校時に校内放送と動画視聴による「入学おめでとう会」が行われました。オリジナルソングに乗せたペープサートダンス、翔泳小クイズ、そして、1年生からの「ありがとう」の動画を視聴しました。1年生はクイズにマルバツで答え、自分たちの映っている動画をとっても楽しそうに興味津々で見入っていました。短い時間でしたが、1年生をみんなで温かく迎える会となりました。最後は在校生から1年生全員へメダルのプレゼント。このメダルは3年生が台紙を切る、2年生が色を塗る、4年生がリボンをつける、5年生が貼り合わせる、6年生がメッセージを書き、仕上げに色を塗る、という工程で完成したものです。小学校運営方針の一つである「豊かな心」の中には、「思いやりの心」や「自己存在感」を育むがあります。上級生達には自分の担当した作業の先に、1年生を温かく迎える思いやりの心や、誰かの役に立つことができる自己存在感を育む行事となりました。

7月の学費引き落とし日は5日です。

月1で発行している学校だより。毎回紹介する行事が違うので、**文字と画像の配置にも毎回悩みますが、**結局いつものレイアウトに流し込んでこうなってます…。**もっと読みやすくならないですか？**

翔泳小だより

令和4年度学校だより
令和4年5月20日発行
翔泳小学校 No.2
文責：校長 翔泳 太郎

6月号

今月の目標
つねにみんなを助ける
やさしい 翔泳っ子

新年度がスタートして2ヶ月が過ぎました。依然として感染予防対策で制約のある学校生活ですが、学校で顔を合わせて、学校でしかできない体験学習や学習活動を大切にすすめていきます。学力テストでは、いつもと違うテストの受け方に戸惑うこともありました。避難訓練では防災頭巾をかぶり無言で避難経路を確認しました。

今月の目標に沿って、6年生が1年生の教室で一緒に掃除をする、お兄さんお姉さんとしての活動も始まりました。今後は、6月開催予定の運動会に向けての活動も本格化していきます。今年度の運動会は1年生から6年生までの発表を1日で行います。当日の進行はもちろん、練習期間中も感染対策を徹底し、全員が元気に運動会を迎え、笑顔で終えることができるように指導・支援を行います。ご家庭におかれましては、体調管理、水筒やタオル等の準備等、頑張る子供たちのサポートをよろしくお願いいたします。

自然観察教室
～自然がいっぱいの翔泳公園へ～

5月1日に3年生を対象とした自然観察教室がありました。いつも遊んでいる公園の景色ですが、自然博物館の先生をガイドに迎えて珍しいお話を聞くと知らないことがいっぱいでした。
公園のシンボルにもなっている大きな2本のイチョウの木にどんな花がついているか観察したり、駐車場前の大きな黒松では、どの部分が松ぼっくりに変化するかを教わりました。先生の話を聞いた3年生は、気づいたことや発見したことをノートに記録したり、水辺の植物や生き物をさわったりしながら体験と理解を深める時間となりました。

入学おめでとうオンライン集会 ～ようこそ1年生～

4月20日の5校時に校内放送と動画視聴による「入学おめでとう会」が行われました。オリジナルソングに乗せたペープサートダンス、翔泳小クイズ、そして、1年生からの「ありがとう」の動画を視聴しました。1年生はクイズにマルバツで答え、自分たちの映っている動画をとっても楽しそうに興味津々で見入っていました。短い時間でしたが、1年生をみんなで温かく迎える会となりました。

入学おめでとう！

7月の学費引き落とし日は5日です。

学校と家庭をつなぐ文書は、読みやすさにも配慮したいですね。文字数や画像の枚数など、レイアウトを**テンプレート化しておく**と、詰め込みすぎを防げると同時に、担当者が代わってもクオリティを担保できます。

詳細は40ページで

オフライン・オンライン同時開催

個人事業主のための節税セミナー

個人事業主ならではの税金のお悩みに1から
わかりやすくお答えしていくセミナーです

最新の税制改正にそって、これから個人事業主が気をつけるべきこと、節税対策のノウハウをたっぷりご紹介する2時間です。オンラインでも同時開催しますのでぜひお気軽にご参加ください。アーカイブも期間限定配信します。

【日時】
6/14
（日）
14:00〜16:00

【会場】
ホテルしょうえい
大会議室
または
オンライン

【講師】きちんと会計事務所

翔泳 知則
代表税理士

ブログはこちら

〜プロフィール〜

税理士。岡山県出身、45歳。翔泳大学経営学部卒。大学卒業後、一般企業で商品企画や経営管理等に従事する傍ら、独学で税理士資格を取得。2020年にきちんと会計事務所を設立。年間100社を超える中小企業や個人事業主を支援している。代表著書に『経理じゃないのに！』『やってはいけない節税対策』等。

〜主な講座の内容〜

1. 個人事業主に影響する税制改正
2. 税制改正で得をする人、損をする人
3. 経費に関する減税・節税方法
4. 一問一答コーナー

セミナー終了後、親睦会と個別相談会も実施します。

お申し込み・お問い合わせ

申込みはこちら

【参加費】5,000円（税込）
【〆切】5/20（金）12：00
【定員】100名

きちんと会計事務所
【TEL】00-0000-0000
【MAIL】0000@xxx.com

地域の皆さんのお役に立ちたく、セミナーを企画しました。テーマに合わせ、青を基調に信頼感を出したかったのですが、**あやしいセミナーに見えてしまいます**…どうしてでしょうか？

オフライン・オンライン同時開催

個人事業主のための
節税セミナー

個人事業主ならではの税金のお悩みに
1 からわかりやすくお答えします。

日時
6/14
（日）
14:00～16:00

会場
ホテルしょうえい
大会議室
または
オンライン

講師 きちんと会計事務所
翔泳 知則 代表税理士
プロフィール
税理士。岡山県出身、45 歳。翔泳大学経営学部卒。大学卒業後、一般企業で商品企画や経営管理等に従事する傍ら、独学で税理士資格を取得。2020 年にきちんと会計事務所を設立。年間 100 社を超える中小企業や個人事業主を支援している。代表著書に『経理じゃないのに！』『やってはいけない節税対策』等。

ブログ
更新中！

最新の税制改正にそって、これから個人事業主が気をつけるべきこと、節税対策のノウハウをたっぷりご紹介する 2 時間です。オンラインでも同時開催しますのでぜひお気軽にご参加ください。アーカイブも期間限定配信します。

主な講座の内容
1. 個人事業主に影響する税制改正
2. 税制改正で得をする人、損をする人
3. 経費に関する減税・節税方法
4. 一問一答コーナー

セミナー終了後、
**親睦会・
個別相談会**
を実施します。

── お申し込み・お問い合わせ ──

申込みはこちら

参加費	5,000 円（税込）	
〆切	5/20（金）12：00	
定員	100 名	

🅚 きちんと会計事務所
TEL 00-0000-0000
MAIL 0000@xxx.com

チラシは、知らないことを知る接点となることの多い媒体です。知らないことに対して人は不安を抱きます。チラシからあやしい雰囲気がすれば、その不安は増す一方。そこで、**デザインから安心感を感じる工夫を施しました。**

詳細は 188 ページで →

まちの INFORMATION

翔泳町民手帳 予約受付中

2024年度版翔泳町民手帳（10月発売予定）の予約を受け付けています。緊急時の連絡先や所在地一覧、年中行事など街の情報が盛りだくさん載っています。各種統計データも掲載されています。表紙は2色から選べます。
●費用　1冊500円（税込）
●申込方法　9月3日(金)までに電話または町役場の窓口に
●申込み・問い合わせ　まちづくり課（町役場新館2階）☎12・3456

森づくりアカデミー オープンキャンパス

未来の森を育てる担い手の育成を目的に、伝統ある杉林アカデミーの地に設立された「森づくりアカデミー」の授業を体験していただけるオープンキャンパスを開催します。対象は、林業の現場を体験してみたい人、入学希望者。
●日時　9月5日(木)10時～15時30分
●場所　森づくりアカデミー
●内容　学校概要・入試説明、施設見学、オープン授業、在校生とのフリートーク、実習体験
●申込み・問い合わせ　まちづくり課（町役場新館2階）☎12・3456

お花の寄植え体験

翔泳町フラワーパークでは、月に一回お花の寄植え教室を開催しています。プランターで簡単に寄植えを作るコツを紹介しています。
受講時間は3時間ほどです。
◎開催日　毎月第三水曜日
●費用　500円（税込）
●申込方法　窓口または電話で
●場所　翔泳町フラワーパーク
☎12・3456

災害ボランティア説明会開催

翔泳町では、災害が起こった際にご協力いただける災害ボランティアを随時募集しています。どんな活動をするのかの説明会を開催します。
●開催日　9月17日(金)
●場所　翔泳町役場新館第4会議室（町役場新館1階）
●費用　無料
●持物　筆記用具
●申込方法　ウェブサイトの特設フォームから

個人事業税の納期限にご注意ください

個人事業税の納付書は、一期分と第二期分をまとめて送付しています。お間違えのないよう、各納期限までに納付してください。
◎個人事業税の納期
〈第一期分〉9月17日(金)
〈第二期分〉11月29日(金)
※年税額が1万円以下の場合は、第一期分でまとめて納めます。
※年税額が1万円を超える場合でも、第一期、第二期分まとめて納付できます。
※コンビニ納付や、インターネットバンキング、ATMの口座振替等もご利用ください。
●問い合わせ　翔泳県税事務所　☎12・3456

●申込み・問い合わせ　翔泳町ボランティアセンター　☎12・3456
●開催日　9月17日(金)
●申込め切　9月3日(金)
※申込み後メールを送信

赤ちゃんと一緒に！ハロウィンイベント

今年も赤ちゃんと一緒にハロウィンイベントに参加しませんか？仮装衣装は会場に用意しています。フォトス
●問い合わせ　翔泳町商工観光課　☎12・3456

※申込め切　9月3日(金)
※申込み後メールを送信します。

秋のブラスバンドコンサート♪

毎年恒例の翔泳小学校金管クラブによる演奏会を町ホールで開催します。今年は午前と午後の二部制で、今年のウェブサイトから事前お申込みが必要です。
●費用　無料
●開催日　9月17日(金)
●申込方法　左記ウェブサイトの申込フォームから
●演奏曲　マンボナンバー5、セント・アンソニー・ヴァリエーション、コンクール受賞曲を含む6曲
●問い合わせ　翔泳町商工観光課　☎12・3456

ポットもあるのでぜひご家族でおでかけください。
●費用　無料
●開催日　9月17日(金)
●申込み・問い合わせ　翔泳町子育てふれあいランド窓口またはお電話にて　☎12・3456
●申込窓口　翔泳町子育てふれあいランド

空き家活用セミナー

持ち主がわからない、使いみちの決まっていない空き家が眠っていませんか。空き家ではそういった空き家の家主、または家主の親族からのご相談を随時受付けています。支援事業の一環として、空き家活用の専門家を招いて、左記日程で空き家活用セミナーを開催します。空き家でお悩みの方はファーストステップとしてぜひご参加ください。
●費用　無料
●開催日　9月17日(金)
●申込方法　9月3日(金)までに電話または町役場の窓口
●申込み・問い合わせ　まちづくり課（町役場新館2階）☎12・3456
●詳細はウェブサイトをご確認ください。

12

お知らせページのレイアウトは毎号悩みの種…。空い**た隙間に画像を入れてつじつま合わせ**。でもなんだかゴチャゴチャしてきちんと伝わっているのか不安です。もっと見やすいページになりませんか？

まちのINFORMATION

▼翔泳町民手帳 予約受付中

2024年度版翔泳町民手帳（10月発売予定）の予約の受け付けています。連絡先や所在地など街の情報が盛りだくさん。緊急時の行事など街中行事など各種統計データも掲載されています。表紙は2色から選べます。

- ▶費用　1冊500円（税込）
- ▶申込方法　9月3日(金)までに電話または町役場の窓口から選べる。
- ▶申込み・問い合わせ　まちづくり課（町役場新館2階）☎12・3456

▼森づくりアカデミー オープンキャンパス

未来の森を育てる担い手の育成を目的に、この地に設立された、伝統ある杉林業アカデミー『森づくりアカデミー』の授業を体験していただけるオープンキャンパスを開催します。

- ▶対象　林業の現場を体験してみたい、入学希望者
- ▶日時　9月5日(日)10時〜15時30分
- ▶持物　筆記用具
- ▶開催日　9月17日(金)
- ▶場所　翔泳町役場第4会議室（町役場新館1階）
- ▶内容　学校概要、入試説明、施設見学、オープン授業、在校生とのフリートーク、実習
- ▶申込方法　ウェブサイトの特設フォームから

▼お花の寄植え体験

翔泳町フラワーパークで、月に一回お花の寄植え教室を開催しています。プランターで簡単に可愛らしい寄植を作るコツを紹介しています。受講時間は3時間ほどです。

- ▶場所　翔泳町フラワーパーク
- ▶開催日　毎月第三木曜日
- ▶費用　500円（税込）
- ▶申込み・問い合わせ　翔泳町フラワーパーク　☎12・3456

▼災害ボランティア 説明会開催

翔泳町では、災害が起こった際にご協力いただける災害ボランティアを随時募集しています。どんな活動をするのかの説明会を開催します。

- ▶費用　無料
- ▶申込み・問い合わせ　翔泳町ボランティアセンター　☎12・3456
- ▶9月3日(金)申込み〆切
- ▶申込み後メールを送信します。

▼個人事業税の納期限にご注意ください

個人事業税の納期限
〈第一期分〉9月17日(金)
〈第二期分〉11月17日(金)

- ▶問い合わせ　翔泳県税事務所　☎12・3456

▼赤ちゃんと一緒に！ ハロウィンイベント

今年も赤ちゃんと一緒にハロウィンイベント参加しませんか？仮装衣装は会場に用意してあります。フォトスポットもあるのでぜひご家族でお出かけください。

- ▶開催日　9月17日(金)
- ▶費用　無料
- ▶申込方法　子育てふれあいランド窓口または電話にて
- ▶申込み・問い合わせ　翔泳町子育てふれあいランド　☎12・3456

▼空き家活用セミナー

持ち主がわからない、使いみちが決まっていない空き家が眠っていませんか。空き家対策支援事業の一環として、空き家活用の専門家を招いて空き家活用セミナーを左記日程で開催。

- ▶開催日　9月17日(金)
- ▶費用　無料
- ▶申込方法　9月3日(金)までに電話または町役場の窓口
- ▶申込み・問い合わせ　まちづくり課（町役場新館2階）☎12・3456
- ▶詳細はウェブサイトをご確認ください。

秋のブラスバンドコンサート♪

毎年恒例の翔泳小学校金管クラブによる演奏会を町営ホールにて開催します。今年は午前と午後の二部制で行います。ウェブサイトから事前お申込みが必要です。

- ◆費用　無料
- ◆開催日　9月17日(金)
- ◆演奏曲　マンボナンバー5、セント・アンソニー・ヴァリエーション、ほかコンクール受賞曲を含む6曲
- ◆申込方法　ウェブサイトの申込みフォームから
- ◆問い合わせ　翔泳町商工観光課　☎12・3456
- ◆申込み〆切　9月3日(金)

12

色々なお知らせをまとめるページでは、内容を読まなくても、このページにどんなトピックが並んでいるかを把握しやすいデザインが親切です。**情報の見つけやすさを重視したデザイン**にアップデートしました。

詳細は76ページで →

翔泳ニュータウン
次世代まちづくり構想

翔泳まちづくり研究所
企画部　田中　良子

構想の背景と目的

＜構想背景＞

転出が転入を超えてから3年が経過し、また少子高齢化により働く世代の人口推移は下り坂を描き続けている状態である。

試算によると20年後には税収が現在の4分の3に減ることが予想される。

＜目的（ゴール）＞

町内の取り組みや住民による活動を外部に発信しながら、子育て世代が住みたいと思える街のイメージ戦略とプロモーションを行い、移住促進につなげる。

こちらの伝えたいことをなんとかスライドにまとめてみたけど、**なぜかあやしい雰囲気に…**。先方にどう思われているか、きちんと伝わってるかどうかも不安です！

翔泳ニュータウン
次世代まちづくり構想

翔泳まちづくり研究所
企画部　田中　良子

構想の背景と目的

構想背景

転出が転入を超えてから3年が経過し、また少子高齢化により働く世代の人口推移は下り坂を描き続けている状態である。

 試算によると20年後には税収が現在の4分の3に減ることが予想される。

目的（ゴール）

町内の取り組みや住民による活動を外部に発信しながら、子育て世代が住みたいと思える街のイメージ戦略とプロモーションを行い、**移住促進につなげる。**

デザインは身だしなみのようなもの。初対面であれば、印象には気をつけたいところです。**対外資料のデザインに大切なのは信頼感です**。資料のあやしい印象は、そのまま発信者のイメージにも影響してしまいます。

詳細は96ページで →

第1章

おかたい文書

文書作成ソフトで作る書類。文字だけだから
デザインは関係ない？　いえいえ、文字がメ
インだからこそ、読みやすいデザインが必要
です。少しの工夫で、読みやすさに配慮した、
読み手にやさしい文書にアップデートできます。

社員各位　　　　　　　　　　　　　　　　　　　　令和4年6月14日

　　　　　　　　　　　　　　　　　　　　　　　　　　　　総務課

　　　　　　　　　　社内研修会のお知らせ

　この度、下記日程にて全社員を対象としたビジネスマナー研修を行いますので、
万障お繰り合わせの上ご参加ください。

　　　　　　　　　　　　　　　　記

1．日時　　　　令和4年8月1日　（月）　　15：00－16：30

2．場所　　　　第一会議室

3．講師　　　　真名　良子　先生（ベストセラー「令和のビジネスマナー」著者）

4．対象　　　　全社員

5．申し込み　　不要

6．持ち物　　　筆記用具

7．その他　　　飲み物は各自持参のこと

　　　　　　　　　　　　　　　　　　　　　　　　　　　　以上

社内で代々引き継がれているテンプレートで作ってい
る、社内向けのお知らせ文書。せっかく貼り出してる
のに気づかれないことも…。**もう、見落とされたくない！**

伝わりやすさ をUPDATE！

社員各位 令和 4 年 6 月 14 日

総務課

「令和のビジネスマナー」研修会

この度、全社員を対象としたビジネスマナー研修を行います。昨今のトレンドを
おさえたビジネスマナーをベストセラー著者から学びます。貴重な機会ですので、
新入社員の方々だけでなく、入社 10 年以上の方もぜひご参加ください。

記

1．日時 　　令和 4 年 8 月 1 日 （月） 15：00〜16：30

2．場所 　　第一会議室

3．講師 　　真名 良子 先生（ベストセラー「令和のビジネスマナー」著者）

4．対象 　　全社員

5．申し込み 不要

6．持ち物 　筆記用具

7．その他 　飲み物は各自持参のこと

以上

どこが改善されたか、わかりますか？

レイアウトはそのままで、**要点がパッと伝わりやすく**
なるようにアップデートしました。定番のワード文書
でも、少しの工夫でグッと見やすくなります。

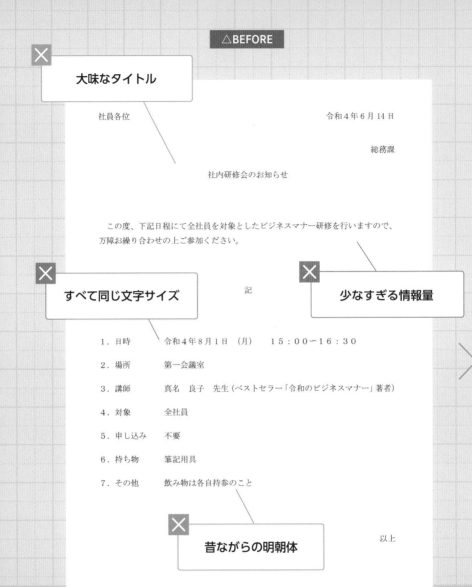

△BEFORE

大味なタイトル

すべて同じ文字サイズ

少なすぎる情報量

昔ながらの明朝体

社員各位　　　　　　　　　　　　　　　　　　　　令和4年6月14日

　　　　　　　　　　　　　　　　　　　　　　　　　　　総務課

　　　　　　　　　　　　社内研修会のお知らせ

　この度、下記日程にて全社員を対象としたビジネスマナー研修を行いますので、
万障お繰り合わせの上ご参加ください。

　　　　　　　　　　　　　　　　　記

　　1．日時　　　　令和4年8月1日（月）　15：00～16：30

　　2．場所　　　　第一会議室

　　3．講師　　　　真名　良子　先生（ベストセラー「令和のビジネスマナー」著者）

　　4．対象　　　　全社員

　　5．申し込み　　不要

　　6．持ち物　　　筆記用具

　　7．その他　　　飲み物は各自持参のこと

　　　　　　　　　　　　　　　　　　　　　　　　　　　以上

「引き継がれたテンプレートだから」と何も疑わずにそのまま使って
いた文書も、改めて読み手の立場に立って見てみると、**内容をつか
むまでに時間のかかるデザイン**だったことがわかります。

わかりやすいタイトル

社員各位　　　　　　　　　　　　　　　　　令和4年6月14日

総務課

「令和のビジネスマナー」研修会

この度、全社員を対象としたビジネスマナー研修を行います。昨今のトレンドを
おさえたビジネスマナーをベストセラー著者から学びます。貴重な機会ですので、
新入社員の方々だけでなく、入社10年以上の方もぜひご参加ください。

記

**メリハリのある
文字サイズ**

適度な情報量

1. 日時　　　　**令和4年8月1日 （月）　15：00〜16：30**

2. 場所　　　　**第一会議室**

3. 講師　　　　**真名 良子** 先生（ベストセラー「令和のビジネスマナー」著者）

4. 対象　　　　**全社員**

5. 申し込み　　**不要**

6. 持ち物　　　**筆記用具**

7. その他　　　**飲み物は各自持参のこと**

以上

読みやすいゴシック体

フォントの種類だけでなく、「**文字サイズのメリハリ**」や
「**言葉の選び方**」などを見直すと、読み手にパッと伝わ
る文書にアップデートできます。

次ページから、ポイントを解説！ →

本文を読まなくてもわかるように
簡潔なタイトルをつけよう

△BEFORE

社内研修会のお知らせ

⇩

◎AFTER

「令和のビジネスマナー」研修会

タイトルは一番初めに目にとまる場所。ここでどれだけ情報をつかめるかどうかで、伝わるスピードに差が出ます。**1行で書ける文字数で、概要を簡潔に伝える**タイトルが理想的です。

「社内研修会のお知らせ」とだけある△BEFOREでは、どんな研修内容なのか本文を読むまで伝わりません。

◎AFTERでは、研修の内容がそのままタイトルになっているため、単刀直入に伝わります。「〜のお知らせ」がなくても伝わると判断できる場合は、省略した方がスッキリします。

すぐ要点がつかめるように

文字サイズにメリハリをつけよう

△BEFORE

1. 開催日　　令和４年８月１日（月）
2. 場　所　　第一会議室

⇩

◎AFTER

1. 開催日　　**令和４年８月１日（月）**
2. 場　所　　**第一会議室**

△BEFOREのようにすべての文字が同じサイズになっていると、全体をひとつの文章として捉えるため、文頭から読もうとしてしまいます。

◎AFTERでは、ラベルの文字サイズはそのままに、日付と場所を大きくしたことでメリハリがつき、重要な情報がパッと目に飛び込んでくるようになりました。

このように、重要度の高い情報の文字サイズを思い切り大きくすることで、**「読む」文書から「見る」文書へ**とアップデートできます。

参加者を集めたい時は
魅力もしっかりアピールしよう

△BEFORE

この度、下記日程にて全社員を対象としたビジネスマナー研修を行いますので、万障お繰り合わせの上ご参加ください。

◎AFTER

この度、全社員を対象としたビジネスマナー研修を行います。昨今のトレンドをおさえたビジネスマナーをベストセラー著者から学びます。貴重な機会ですので、新入社員の方々だけでなく、入社10年以上の方もぜひご参加ください。

社内通知は確実に伝達することが目的。そのためスピード重視の事務的な書き方が基本形ですが、参加者を集めたい催し物など、**見る人に行動してほしい時**にはそれでは不十分な場合もあります。

△BEFORE のように定型文だけのあっさりした書き方と、◎AFTER のように見ている人にアピールする書き方とでは、「参加してみたい」と思わせる訴求力が変わってきます。

出だしの一文は必ず結論を書くルールは守りつつ、読み手にとって魅力的な情報をきちんと盛り込んで、興味を引きましょう。

読みやすくするために
ゴシック体を標準にしよう

△BEFORE ────────────────────────

> 6. 持ち物　　　筆記用具
> 7. その他　　　飲み物は各自持参のこと

◎AFTER ────────────────────────

> 6.持ち物　　　筆記用具
> 7.その他　　　飲み物は各自持参のこと

今や、ほとんどの人にとって画面で文字を読むことは日常化しており、**多くの WEB サイトやスマホアプリでは、ゴシック体が標準採用されています。**

そのため、△BEFORE のように明朝体で書かれたお知らせ文書は、ゴシック体に比べて事務的なイメージや、昔ながらの保守的なイメージ、堅苦しいイメージが先行してしまいます。

◎AFTER のように、読み慣れたゴシック体に刷新するだけで、古いイメージをアップデートすることができます。

1-2. シニアが読みにくい回覧文書

回　覧

自治会の皆様

令和 4 年 6 月

翔泳町役場
危機管理課

安全メールをご利用ください

災害が発生した際、「避難準備」「避難勧告」「避難指示」が伝達されます。町では、災害発生時に防災・防犯情報を「安全メール」で配信しています。いざという時に利用すると便利です。（問い合わせ：危機管理課　00-0000）

配信される情報

・災害情報（避難勧告、ミサイル・テロ情報等）
・気象情報（特別警報、大雨洪水・暴風警報、竜巻注意報等）
・行政情報（感染症、インフルエンザ、PM2.5、食中毒等）
・地震情報（震度 3 以上）
・防犯情報（詐欺、不審者情報等）

登録する手順

①「xxxx@xxxx.jp」へ空メールを送信します。
②返信メールに記載された登録用アドレス（URL）をクリックします。
③配信を希望する情報を選択して、登録します。
④登録が確認されると、完了メールが届きます。

利用上の注意

・迷惑メール設定をしている場合は、事前に「xxxx.jp」のドメインからの受信を許可する設定にしてください。

町内回覧用のお知らせ、わかりにくいとご意見が。文字を大きくすると余計ゴチャゴチャに…。**お年寄りにもわかりやすいデザイン**にならないかな？

回覧

自治会の皆様

令和4年6月

翔泳町役場
危機管理課

安全メールで災害に備えましょう！

町では、災害発生時に防災・防犯情報を「安全メール」で配信しています。いざという時のために登録しておきましょう。

（問い合わせ：危機管理課　00-0000）

●こんな情報が届きます

災害情報	避難情報	防犯情報
避難勧告、津波、噴火情報等	町内の避難所の情報　等	詐欺・空き巣・不審者情報　等

地震	警報・注意報	行政情報
震度3以上で配信	大雨洪水・暴風・竜巻　等	各種ワクチン・PM2.5、食中毒等

●登録方法

空メール送信　▶　メールが届く　▶　メール内の URL をクリック

登録完了！

空メール送信先　→　xxxx@xxxx.jp

・件名も本文も空欄で送信してください。
・迷惑メール設定をしている場合は、事前に「xxxx.jp」からの受信を許可してください。

文字だけで伝えようとすると事務的に見え、「読むのが億劫」に感じてしまいます。**なるべく少ない文字量でわかりやすく伝える**ために工夫しました。

どこが改善されたか、わかりますか？

31

事務的な言い回し

回　覧

自治会の皆様

令和4年6月

翔泳町役場
危機管理課

安全メールをご利用ください

災害が発生した際、「避難準備」「避難勧告」「避難指示」が
伝達されます。町では、災害発生時に防災・防犯情報を「安
全メール」で配信しています。いざという時に利用すると便
利です。（問い合わせ：危機管理課　00-0000）

文字サイズが小さい

配信される情報

・災害情報（避難勧告、津波、噴火情報等）
・気象情報（特別警報、大雨洪水・暴風警報、竜巻注意報等）
・行政情報（感染症、インフルエンザ、PM2.5、食中毒等）
・地震情報（震度3以上）
・防犯情報（詐欺、不審者情報等）

文章だけで伝える

登録する手順

①「xxxx@xxxx．jp」へ空メールを送信します。
②返信メールに記載された登録用アドレス（URL）をクリックします。
③配信を希望する情報を選択して、登録します。
④登録が確認されると、完了メールが届きます。

利用上の注意

・迷惑メール設定をしている場合は、事前に「xxxx．jp」のドメインか
らの受信を許可する設定にしてください。

手順がわかりにくい

この作例のように、知らないことを周知する目的のお知らせ文書では、
キーワードが目にとまる工夫が必要です。すべてを文章だけで構成す
るとインパクトが出ず、わかりにくい紙面になってしまいます。

親しみやすい言い回し

回　覧

令和4年6月

自治会の皆様

翔泳町役場
危機管理課

安全メールで災害に備えましょう！

　町では、災害発生時に防災・防犯情報を「安全メール」で配信しています。いざという時のために登録しておきましょう。
（問い合わせ：危機管理課　00-000

文字サイズが大きい

●こんな情報が届きます

災害情報	避難情報	防犯情報
避難勧告、津波、噴火情報等	町内の避難所の情報　等	詐欺・空き巣・不審者情報　等

地震	警報・注意報	情報
震度3以上で配信	大雨洪水・暴風・竜巻　等	各種ワクチ

キーワードで伝える

●登録方法

空メール送信　▶　メールが届く　▶　メール内の
URLをクリック

登録完了！

わかりやすい図解

ール送信先　→　xxxx@xxxx.jp

・迷惑メール設定をしている場合は、事前に「xxxx.jp」からの受信を許可してください。

そこで、**なるべく文章ではなく、キーワードを大きくして**目にとまるよう改善しました。じっくり読まなくても、斜め読みするだけで概要を伝えることができます。

次ページから、ポイントを解説！

わかりやすい文書に仕上げるには
親しみやすい言い回しを使おう

△ BEFORE

配信される情報

かたすぎるかな…

⇩

◎ AFTER

こんな情報が届きます

新商品や新サービスなど、読み手が知らないものを周知したい文書では、**正確さよりも興味を引くことを優先**しましょう。

△ BEFORE のような事務的な書き方よりも、◎ AFTER のように親しみやすい言い回しにすると、読み手との距離が縮まり、興味を引くことができます。

タイトルからキャッチコピー、見出し、本文まで、それぞれの書き方を親しみやすい言い回しにすることで、わかりやすい文書に仕上がります。

シニアに読みやすくするために
文字サイズを大きくしよう

△BEFORE

災害が発生した際、「避難準備」「避難勧告」「避難指示」が伝達されます。町では、災害発生時に防災・防犯情報を「安全メール」で配信しています。いざという時に利用すると便利です。

◎AFTER

町では、災害発生時に防災・防犯情報を「安全メール」で配信しています。いざという時のために登録しておきましょう。

大きめの文字サイズはシニア向けデザインの基本的なマナーですが、その目的は読みやすくするためだけではありません。**文章をなるべく短くして、わかりやすく伝える狙い**もあります。文字が大きくなれば、文章を減らす必要が生じるからです。

△BEFORE は文章が長いことに加え、難しい単語が並んでおり、とっつきにくい印象がしてしまいます。

「色々書いてあるけどよくわからない」で終わってしまわないよう、◎AFTER のように、**なるべくやさしい言葉を使って要点を短くまとめ**、わかりやすく伝えるようにしましょう。

要点を素早く伝えるためには

キーワードを抜き出そう

△BEFORE

- 災害情報（避難勧告、津波、噴火情報等）
- 避難情報（町内の避難所の情報　等）
- 防犯情報（詐欺、不審者情報等）

⇩

◎AFTER

災害情報	避難情報	防犯情報
避難勧告、津波、噴火情報等	町内の避難所の情報　等	詐欺・空き巣・不審者情報　等

いくつかの項目を伝える場合、リスト形式にすると見やすくなりますが、1項目の文字数が多いと、逆にわかりにくくなってしまいます。

そんな時は、のようにキーワードを大きく抜き出して、ブロックにまとめ並べてみましょう。その他の文字情報は小さくメリハリをつけることで、まず要点だけをわかりやすく伝えることができます。

このような横並びのレイアウトは、Wordなどの文書作成ソフトよりも、PowerPointなどの**プレゼン資料作成ソフトの方が柔軟にレイアウトできる**のでおすすめです。

手順をわかりやすく伝えるためには
図で説明しよう

①「xxxx@xxxx.jp」へ空メールを送信します。
②返信メールに記載された登録用アドレス（URL）をクリックします。
③配信を希望する情報を選択して、登録します。

順番や手順を説明する時、△BEFORE のように箇条書きで長々と説明してしまうと、**「色々書いてあって面倒そう」**と敬遠されてしまう可能性があります。

◎AFTER のように、**キーワードを抜き出し、ステップごとに並べる**とわかりやすくなります。まずは図を使って大きな流れを伝えることで、**「これなら自分にもできそう」というイメージ**を持ってもらうことが大切です。

枠内に入れる言葉は要点のみに絞り、手順をシンプルに伝えましょう。

1-3. 文字がビッシリの学校だより

翔泳小だより

令和4年度学校だより
令和4年5月20日発行
翔泳小学校　No.2　**6月号**
文責：校長　翔泳　太郎

今月の目標「つねにみんなを助ける　やさしい　翔泳っ子」

新年度がスタートして2ヶ月が過ぎました。依然として感染予防対策で制約のある学校生活ですが、学校で顔を合わせて、学校でしかできない体験学習や学習活動を大切にすすめています。学力テストでは、いつもと違うテストの受け方に戸惑うこともありました。避難訓練では防災頭巾をかぶり無言で避難経路を確認しました。今月の目標に沿って、6年生が1年生の教室で一緒に掃除をする、お兄さんお姉さんとしての活動も始まりました。今後は、6月開催予定の運動会に向けての活動も本格化していきます。今年度の運動会は1年生から6年生までの発表を1日で行います。当日の進行はもちろん、練習期間中も感染対策を徹底し、全員が元気に運動会を迎え、笑顔で終えることができるように指導・支援を行います。ご家庭におかれましては、体調管理、水筒やタオル等の準備等、頑張る子供たちのサポートをよろしくお願いいたします。

自然観察教室　～自然がいっぱいの翔泳公園へ～

5月1日に3年生を対象とした自然観察教室がありました。いつも遊んでいる公園の景色ですが、自然博物館の先生をガイドに迎えて珍しいお話を聞くと知らないことがいっぱいでした。
公園には2本の大きなイチョウがあります。イチョウの木が5月のこの時期に花を咲かせることに気付いている人は少ないでしょう。イチョウの隣には大きなびわの木もありました。6～7月頃には実を付けますが、食べごろの判断は「鳥が食べ始めること」とのことでした。先日HPでも紹介した池のオタマジャクシは、もうすぐヒキガエルになります。ヒキガエルの寿命は15年でとっても長生きです。池の隣にはリンゴの木もあります。昨年も小さいですが実を付けていたようです。駐車場前には、校歌にも登場する黒松があります。先生からはどの部分が松ぼっくりに変化するかを教わりました。最後に観察したメタセコイヤは「生きた化石」と呼ばれ、絶滅と思われていましたが、数十年前に中国で発見され、大変貴重な木であることがわかりました。先生の話を聞いた3年生は、気づいたことや発見したことをノートに記録したり、水辺の植物や生き物をさわったりしながら体験と理解を深める時間となりました。

他にも紹介したい自然がいっぱい！

入学おめでとうオンライン集会　～ようこそ1年生～

入学おめでとう！

4月20日の5校時に校内放送と動画視聴による「入学おめでとう会」が行われました。オリジナルソングに乗せたペープサートダンス、翔泳小クイズ、そして、1年生からの「ありがとう」の動画を視聴しました。1年生はクイズにマルバツで答え、自分たちの映っている動画をとっても楽しそうに興味津々で見入っていました。短い時間でしたが、1年生をみんなで温かく迎える会となりました。最後は在校生から1年生全員へメダルのプレゼント。このメダルは3年生が台紙を切る、2年生が色を塗る、4年生がリボンをつける、5年生が貼り合わせる、6年生がメッセージを書き、仕上げに色を塗る、という工程で完成したものです。小学校運営方針の一つである「豊かな心」の中には、「思いやりの心」や「自己存在感」を育むがあります。上級生達には自分の担当した作業を通して、1年生を温かく迎える思いやりの心や、誰かの役に立つことができる自己存在感を育む行事となりました。

7月の学費引き落とし日は5日です。

月1で発行している学校だより。毎回紹介する行事が違うので、**文字と画像の配置にも毎回悩みますが、**結局いつものレイアウトに流し込んでこうなってます…。
もっと読みやすくならないですか？

翔泳小だより

令和4年度学校だより
令和4年5月20日発行
翔泳小学校　No.2
文責：校長　翔泳　太郎

6月号

今月の目標
つねにみんなを助ける
やさしい　翔泳っ子

新年度がスタートして2ヶ月が過ぎました。依然として感染予防対策で制約のある学校生活ですが、学校でしかできない体験学習や学習活動を大切にすすめています。学力テストでは、いつもと違うテストの受け方に戸惑うこともありました。避難訓練では防災頭巾をかぶり無言で避難経路を確認しました。

今月の目標に沿って、6年生が1年生の教室で一緒に掃除をする、お兄さんお姉さんとしての活動も始まりました。今後は、6月開催予定の運動会に向けての活動も本格化していきます。今年度の運動会は1年生から6年生までの発表を1日で行います。当日の進行はもちろん、練習期間中も感染対策を徹底し、全員が元気に運動会を迎え、笑顔で終えることができるように指導・支援を行います。ご家庭におかれましては、体調管理、水筒やタオル等の準備等、頑張る子供たちのサポートをよろしくお願いいたします。

自然観察教室
～自然がいっぱいの翔泳公園へ～

5月1日に3年生を対象とした自然観察教室がありました。いつも遊んでいる公園の景色ですが、自然博物館の先生をガイドに迎えて珍しいお話を聞くと知らないことがいっぱいでした。
公園のシンボルにもなっている大きな2本のイチョウの木にどんな花がついているか観察したり、駐車場前の大きな黒松では、どの部分が松ぼっくりに変化するかを教わりました。先生の話を聞いた3年生は、気づいたことや発見したことをノートに記録したり、水辺の植物や生き物をさわったりしながら体験と理解を深める時間となりました。

入学おめでとうオンライン集会 ～ようこそ1年生～

4月20日の5校時に校内放送と動画視聴による「入学おめでとう会」が行われました。オリジナルソングに乗せたペープサートダンス、翔泳小クイズ、そして、1年生からの「ありがとう」の動画を視聴しました。1年生はクイズにマルバツで答え、自分たちの映っている動画をとっても楽しそうに興味津々で見入っていました。短い時間でしたが、1年生をみんなで温かく迎える会となりました。

入学おめでとう！

7月の学費引き落とし日は
5日です。

学校と家庭をつなぐ文書は、読みやすさにも配慮したいですね。文字数や画像の枚数など、レイアウトを**テンプレート化**しておくと、詰め込みすぎを防げると同時に、担当者が代わってもクオリティを担保できます。

どこが改善されたか、わかりますか？ →

単調なレイアウト ✕

✕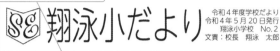

令和4年度学校だより
令和4年5月20日発行
翔泳小学校 No.2
文責：校長 翔泳 太郎
【6月号】

場当たり的な画像配置 ✕

今月の目標「つねにみんなを助ける　やさしい　翔泳っ子」

新年度がスタートして2ヶ月が過ぎました。依然として感染予防対策で制約のある学校生活ですが、学校で顔を合わせて、学校でしかできない体験学習や学習活動を大切にすすめています。学力テストでは、いつもと違うテストの受け方に戸惑うこともありました。避難訓練では防災◯◯確認しました。今月の目標に沿って、6年生が1年生の教室で一緒に掃除をす◯◯ての活動も始まりました。今後は、6月開催予定の運動会に向けての活動も本◯◯の運動会は1年生から6年生までの発表を1日で行います。当日の進行はもち◯◯策を徹底し、全員が元気に運動会を迎え、笑顔で終えることができるように指◯◯庭におかれましては、体調管理、水筒やタオル等の準備等、頑張る子供たちのサポートをよろしくお願いいたします。

行間がせまい ✕

自然がいっぱいの翔泳公園へ〜

◯◯した自然観察教室がありました。い◯◯ですが、自然博物館の先生をガイドに迎えて珍しいお話を聞くと知らないことがいっぱいでした。公園には2本の大きなイチョウがあります。イチョウの木が5月のこの時期に花を咲かせていることに気付いている人は少ないでしょう。イチョウの隣には大きなびわの木もありました。6〜7月頃には実を付けますが、食べごろの判断は「鳥が食べ始めること」とのことでした。先日HPでも紹介した池のオタマジャクシは、もうすぐヒキガエルになります。ヒキガエルの寿命は15年でとっても長生きです。池の隣にはリンゴの木もあります。昨年も小さいですが実を付けていたようです。駐車場前には、校歌にも登場する黒松があります。先生からはどの部分が松ぼっくりに変化するかを教わりました。最後に観察したメタセコイヤは「生きた化石」と呼ばれ、絶滅と思われていましたが、数十年前に中国で発見された、大変貴重な木であることがわかりました。先生の話を聞いた3年生は、気づいたことや発見したことをノートに記録したり、水辺の植物や生き物をさわったりしながら体験と理解を深める時間となりました。

他にも紹介したい自然がいっぱい！

入学おめでとうオンライン集会 〜ようこそ1年生〜

4月20日の5校時に校内放送と動画視聴による「入学おめでとう会」が行われました。オリジナルソングに乗せたペープサートダンス、翔泳小クイズ、そして、1年生からの「ありがとう」の動画を視聴しました。1年生はクイズにマルバツで答え、自分たちの映っている動画をとって◯◯楽しそうに興味津々で見入っていました。短い時間でしたが、1年生◯◯◯◯となりました。最後は在校生から1年生全員◯◯のメダルは3年生が台紙を切る、2年生が色◯◯つける、5年生が貼り合わせる、6年生がメッ◯◯を塗る、という工程で完成したものです。小◯◯「豊かな心」の中には、「思いやりの心」や「自己存在感」を育むがあります。上級生達には自分の担当した作業を通して、1年生を温かく迎える思いやりの心や、誰かの役に立つことができる自己存在感を育む行事となりました。

すべて線で囲む ✕

入学おめでとう！

7月の学費引き落とし日は5日です。

読みにくさの原因は、文字量が多すぎてギュウギュウ詰めなことと、**視線の動きが左から右へのワンパターン**であること。文字量をダイエットして、視線を動かしやすいレイアウトにすることで、読みにくさを解消できます。

視線を誘導する
レイアウト

メリハリのある
画像配置

読みやすい行間

線ではなく余白で囲む

翔泳小だより

令和4年度学校だより
令和4年5月20日発行
翔泳小学校　No.2
文責：校長　翔泳 太郎

6月号

今月の目標
つねにみんなを助け
やさしい　翔泳っ…

新年度がスタートして2…した。依然として感染予防制約の…ある学校生活ですが、学校で顔を合わせて、学校でしかできない体験学習や学習活動を大切にすすめています。学力テストでは、いつもと違うテストの受け方に戸惑うこともありました。避難訓練では防災頭巾をかぶり無言で避難経路を確認しました。

今月の目標に沿って、6年生が1年生の教室で一緒に掃除をする、お兄さんお姉さんとしての活動も始まりました。今後は、6月開催予定の運動会に向けての活動も本格化していきます。運動会は1年生から6年生まで、○日で行います。当日の進行…練習期間中も感染対策を徹…元気に運動会を迎え、笑顔ができるように指導・支援…ご家庭におかれましては、水筒やタオル等の準備等、…のサポートをよろしくお願い…

自然観察教室
～自然がいっぱいの翔泳公園へ～

5月1日に3年生を対象とした自然観察教室がありました。いつも遊んでいる公園の景色ですが、自然博物館の先生をガイドに迎えて珍しいお話を聞くと知らないことがいっぱいでした。
公園のシンボルにもなっている大きな2本のイチョウの木にどんな花がついているか観察したり、駐車場前の大きな黒松では、どの部分が松ぼっくりに変化するかを教わりました。先生の話を聞いた3年生は、気づいたことや発見したことをノートに記録したり、水辺の植物や生き物をさわったりしながら体験と理解を深める時間となりました。

入学おめでとうオンライン集会 ～ようこそ1年生～

4月20日の5校時に校内放送と動画視聴による「入…た。オリジナルソング…翔泳小クイズ、そして、…動画を視聴しました。…え、自分たちの映っている動画をとっても楽しそうに興味津々で見入っていました。短い時間でしたが、1年生をみんなで温かく迎える会となりました。

入学おめでとう！

7月の学費引き落とし日は5日です。

横書きだけでなく、**縦書きと横書きを組み合わせる**ことで、無理なく視線を動かせるようになりました。たくさんの物事を伝えたい気持ちはわかりますが、**適度な情報量にダイエットする**ことも、読みやすさを確保するためのポイントです。

次ページから、ポイントを解説！

視線を無理なく動かすには

縦書きと横書きを組み合わせよう

△BEFORE

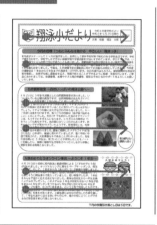

◎AFTER

△BEFORE のように、用紙の端から端まで視線が動く単調なレイアウトだと、読むのに疲れてしまいます。

◎AFTER のように、縦書きと横書きを組み合わせながら、**読み終わりから次の読み始めの位置が離れすぎないように**レイアウトすることで、読みやすい紙面になります。

また、**見出しや画像は、視線を引き寄せるアイキャッチ**の役目を果たします。文字方向とアイキャッチを組み合わせて、視線を無理なくコントロールすることができます。

視線が泳がないように
画像サイズにメリハリをつけよう

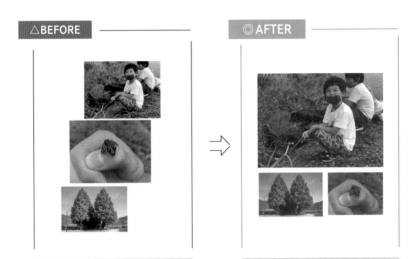

掲載したい写真が複数ある場合、△BEFORE のように同じくらいの大きさで並べると、どの写真にも目がとまりにくくなり、印象が薄れてしまいます。

◎AFTER のように、**メインとサブの写真を決めて大小のメリハリをつける**ことで、メイン写真にしっかり目がとまり、視線が泳ぎにくい紙面になります。

前ページの通り、画像は紙面上でアイキャッチになるので、メイン写真にしっかり目がとまるようにレイアウトすると、**写真から伝えたい情報もわかりやすくなります。**

43

長文を読みやすくするには

行間を確保しよう

△ BEFORE

4月20日の5校時に校内放送と動画視聴による「入学おめ
でとう会」が行われました。オリジナルソングに乗せたペー
プサートダンス、翔泳小クイズ、そして、1年生からの
「ありがとう」の動画を視聴しました。

◎ AFTER

4月20日の5校時に校内放送と動画視聴による「入学おめ
でとう会」が行われました。オリジナルソングに乗せたペー
プサートダンス、翔泳小クイズ、そして、1年生からの
「ありがとう」の動画を視聴しました。

文字が入り切らないからと、△BEFORE のように行間を詰めて長文
を流し込むのは、読みにくさの原因となります。

長文を読みやすくするために、◎AFTER のように適度な行間を確保
しましょう。**文字サイズが10ptだった場合、行間は7〜10pt**がおす
すめです。あまり広く取りすぎると、箇条書きのように見え、逆に
読みにくくなるので注意しましょう。

行間を確保してエリアに入り切らなくなった場合は、用紙サイズや
紙面レイアウトを見直すか、**エリアに収まるよう適切な文章量**に調整
しましょう。

スッキリした紙面にするには
線ではなく余白で囲もう

△BEFORE

◎AFTER

話題ごとにエリアを区分けしようと、△BEFORE のように線で囲ってしまうと、その分余白がなくなり、紙面が窮屈に見えてしまいます。

エリアはできるだけ線で囲まずに、◎AFTER のように**余白で囲むイメージでレイアウト**してみましょう。

同様に、**見出しの周囲**や、**画像の周囲**などにも、必ず余白を入れるように習慣づけましょう。余白が見えない境界線となり、紙面全体をスッキリ見せてくれます。

2023 年 3 月 23 日
翔泳食品株式会社
プレスリリース

2023 年 3 月 23 日
翔泳食品株式会社
プレスリリース

冷凍餃子「Stay Healthy Gyoza」が 3/23 発売されます

翔泳食品株式会社（代表取締役社長：翔泳太郎）は、野菜をたっぷり使用したヴィーガン・ベジタリアン対応の冷凍餃子「Stay Healthy Gyoza」（以下　ステイ・ヘルシー餃子）を新発売いたします。

ステイ・ヘルシー餃子は、原材料すべて植物性の食材のみで開発した餃子です。最大の特長は、一般的な餃子と同等の食べごたえ。従来のヴィーガン餃子は、野菜のみを使用したものが多く、その満足感に課題がありました。ステイ・ヘルシー餃子は独自の手法で大豆ミート特有のくさみをカットした国産大豆ミートとおからを使用し、家族みんなが満足できるヴィーガン餃子を実現しました。カロリーは 1 個 30kcal で、ダイエットにもおすすめ。にんにく・ニラ不使用なのでニオイも気になりません。

製品名：「Stay Healthy Gyoza」
原産国名：日本
発売地域：全国
保存方法：要冷凍（-18℃以下）
容量：30 個入り
希望小売価格：1,800 円（税抜）

原材料・成分
野菜（キャベツ、たまねぎ、白菜、にんじん）、ショートニング、大豆加工品、とうふ、乾燥おから、砂糖、澱粉、ごま油、食塩、しょうゆ、酵母エキス、香辛料、皮（小麦粉、ブドウ糖、植物油、醗酵調味料、食塩）/ 加工澱粉、調味料（有機酸等）、（一部に小麦・大豆・ごまを含む）

＜企業情報＞
2000 年より関西を中心にベジタリアンフードを開発している食品メーカー。ヴィーガンヌードルが人気。

このリリースに関するお問い合わせは
翔泳食品株式会社　広報部　担当：翔泳　次郎
TEL：00-0000-0000
Mail：xxxxx@xxxx.xx.jp

会社で作るプレスリリース、情報量は十分だと思うんだけど、なかなか問い合わせが増えないのはどうしてだろう…。**もっと見てもらえるプレスリリース**にするヒントをください！

プレスリリース

2023年3月23日
翔泳食品株式会社

翔 泳 食 品

植物性食材だけで作ったヴィーガン向けヘルシー餃子
たっぷり野菜と大豆ミートで満足の食べごたえ！
冷凍餃子「Stay Healthy Gyoza」3/23 発売

翔泳食品株式会社（代表取締役社長：翔泳太郎）は、野菜をたっぷり使用したヴィーガン・ベジタリアン対応の冷凍餃子「Stay Healthy Gyoza」（以下　ステイ・ヘルシー餃子）を新発売いたします。

ステイ・ヘルシー餃子は、原材料すべて植物性の食材のみで開発した餃子です。最大の特長は、一般的な餃子と同等の食べごたえ。従来のヴィーガン餃子は、野菜のみを使用したものが多く、その満足感に課題がありました。ステイ・ヘルシー餃子は独自の手法で大豆ミート特有のくさみをカットした国産大豆ミートとおからを使用し、家族みんなが満足できるヴィーガン餃子を実現しました。

1 個 30kcal の低カロリーで、ダイエットにもおすすめ。にんにく・ニラ不使用なのでニオイも気になりません。ぜひ一度ご賞味ください。

商品名：
「Stay Healthy Gyoza」
原産国名：日本
発売地域：全国
保存方法：要冷凍（-18℃以下）
容量：30 個入り
希望小売価格：1,800 円（税抜）

原材料・成分
野菜（キャベツ、たまねぎ、白菜、にんじん）、ショートニング、大豆加工品、とうふ、乾燥おから、砂糖、澱粉、ごま油、食塩、しょうゆ、酵母エキス、香辛料、皮（小麦粉、ブドウ糖、植物油、醗酵調味料、食塩）/ 加工澱粉、調味料（有機酸等）、（一部に小麦・大豆・ごまを含む）

このリリースに関するお問い合わせは
翔泳食品株式会社　広報部　担当：翔泳
TEL：00-0000-0000
Mail：xxxxx@xxxx.xx.jp

●企業情報
2000 年より関西を中心にベジタリアンフードを開発している食品メーカー。ヴィーガンヌードルが人気。

数多あるプレスリリースの中から目をとめてもらうには、シンプルなデザインよりも**インパクト重視の「目立つ」デザイン**が適しています。目にとまった後も、**短時間で要点を伝える構成**が理想的です。

△BEFORE

簡素なタイトル

控えめな写真サイズ

2023 年 3 月 23 日
翔泳食品株式会社
プレスリリース

冷凍餃子「Stay Healthy Gyoza」が 3/23 発売されます

**情報が整理
されていない**

……長取締役社長:翔泳太郎)は、野菜をたっぷり使用したヴィーガン・
……凍餃子「Stay Healthy Gyoza」（以下　ステイ・ヘルシー餃子）

ステイ・ヘルシー餃子は、原材料すべて植物性の食材のみで開発した餃子です。最大
の特長は、一般的な餃子と同等の食べごたえ。従来のヴィーガン餃子は、野菜のみを
使用したものが多く、その満足感に課題がありました。ステイ・ヘルシー餃子は独自
の手法で大豆ミート特有のくさみをカットした国産大豆ミートとおからを使用し、家
族みんなが満足できるヴィーガン餃子を実現しました。カロリーは 1 個 30kcal で、ダ
イエットにもおすすめ。にんにく・ニラ不使用なのでニオイも気になりません。

製品名：「Stay Healthy Gyoza」
原産国名：日本
発売地域：全国
保存方法：要冷凍（-18℃以下）
容量：30 個入り
希望小売価格：1,800 円（税抜）

原材料・成分
野菜（キャベツ、たまねぎ、白菜、にんじん）、ショートニング、大豆加工品、とうふ、
乾燥おから、砂糖、澱粉、ごま油、食塩、しょうゆ、酵母エキス、香辛料、皮（小麦粉、
ブドウ糖、植物油、醗酵調味料、食塩）/ 加工澱粉、調味料（有機酸等）、（一部に小麦・
大豆・ごまを含む）

要点がつかみにくい

……にベジタリアン
……品メーカー。
ヴィーガンヌードルが人気。

このリリースに関するお問い合わせは
翔泳食品株式会社　広報部　担当：翔泳　次郎
TEL：00-0000-0000
Mail：xxxxx@xxxx.xx.jp

気づいてもらえるプレスリリースにするためのポイントは二つ。まずパッ
と目にとまるように**インパクトを出す**こと、そして、**短時間で要点を伝
える**ことです。本文にすべて情報を網羅したとしても、隅々まで読ま
れることは稀だと思っておきましょう。

大きな写真サイズ

プレスリリース

2023 年 3 月 23 日
翔泳食品株式会社

翔泳食品

魅力を盛り込んだ
タイトル

植物性食材だけで作ったヴィーガン向けヘルシー餃子
たっぷり野菜と大豆ミートで満足の食べごたえ！
冷凍餃子「Stay Healthy Gyoza」3/23 発売

区分けされた情報

翔泳食品株式会社（代表取締役社長：翔泳太郎）は、野菜をたっぷり使用したヴィーガン・ベジタリアン対応の冷凍餃子「Stay Healthy Gyoza」（以下　ステイ・ヘルシー餃子）を新発売いたします。

ステイ・ヘルシー餃子は、原材料すべて植物性の食材のみで開発した餃子です。最大の特長は、一般的な餃子と同等の食べごたえ。従来のヴィーガン餃子は、野菜のみを使用したものが多く、その満足感に課題がありました。ステイ・ヘルシー餃子は独自の手法で大豆ミート特有のくさみをカットした国産大豆ミートとおからを使用し、家族みんなが満足できるヴィーガン餃子を実現しました。

商品名：
「Stay Healthy Gyo〔〕
原産国名：日本
発売地域：全国
保存方法：要冷凍（-18℃以下）
容量：30 個入り
希望小売価格：1,800 円（税抜）

原材料・成分
野菜（キャベツ、たまねぎ、白菜、にんじん）、ショートニング、大豆加工品、とうふ、乾燥おから、砂糖、澱粉、ごま油、食塩、しょうゆ、酵母エキス、香辛料、皮（小麦粉、ブドウ糖、植物油、醗酵調味料、食塩）/ 加工澱粉、調味料（有機酸等）、（一部に小麦・大豆・ごまを含む）

要点がつかみやすい

　〔　　　　　　　〕ーで、ダイエットにも〔　　　　　　　〕ラ不使用なのでニオイ〔　　　　　　　〕一度ご賞味ください。

このリリースに関するお問い合わせは
翔泳食品株式会社　広報部　担当：翔泳
TEL：00-0000-0000
Mail：xxxxx@xxxx.xx.jp

● 企業情報
2000 年より関西を中心にベジタリアンフードを開発している食品メーカー。ヴィーガンヌードルが人気。

次ページから、ポイントを解説！

グッと引き伸ばした写真と、魅力を盛り込んだ大きなタイトルが目を引き、**インパクトのある導入部**になりました。また、長文に詰め込まれていた**情報を区分け**したり、**要点を強調**することで、斜め読みでも要点が伝わるようになります。

まず目にとめてもらうために
画像を大きく見せよう

顔は思い出せるのに名前が出てこない…ということがあるように、**人は言葉よりもイメージを記憶しやすく、忘れにくい**ものです。目をとめてもらうため、また記事を強く印象に残すためにも、写真やイメージ画像は大きく掲載しましょう。記事についての魅力がダイレクトに伝わる、わかりやすい1枚を選ぶのが理想的です。

そして画像を大きく掲載するために、**解像度の高い（ピクセル数が大きい）データが必要**です。解像度が低く粗い画像や、暗くてはっきりしない画像は印象が悪く、記事そのものの悪印象につながってしまうので、解像度とクオリティには十分気を配りましょう。

読み手の興味を引くために
タイトルに魅力を盛り込もう

△BEFORE

> 冷凍餃子「Stay Healthy Gyoza」が3/23発売されます

◎AFTER

> 植物性食材だけで作ったヴィーガン向けヘルシー餃子
> たっぷり野菜と大豆ミートで満足の食べごたえ！
> **冷凍餃子「Stay Healthy Gyoza」3/23発売**

書類としては最初に目に入り、WEBではそのまま見出しになることが多い**タイトルは、プレスリリースで最も重要な要素**と言えます。△BEFORE のようなシンプルなタイトルでは、読み手の興味を引くことができません。

◎AFTER では、メインタイトルの上に数行のコピーを添えて、特長をアピールしています。お知らせ文書などでは短いタイトルがおすすめですが、プレスリリースでは、**タイトルで基本情報や特長をアピールする**ことで読み手の興味を引くことができます。

タイトルは大切だな！

見やすくわかりやすく伝えるために

情報を区分けしよう

情報量が多くなるプレスリリースでは、△BEFORE のように、長い原稿をそのまま流し込んだだけでは、何が書いてあるのかが伝わりにくくなります。

◎AFTER のように、内容ごとに本文を区分けしてレイアウトすることで、内容を**理解するスピードを速める**ことができます。

あらかじめ、いくつか枠組みを決めた**レイアウトをテンプレート化するのがおすすめ**です。何をどのくらい書けばよいのかが明確になるので、プレスリリース執筆時の作業効率がアップします。

斜め読みでも魅力が伝わるように

アピールポイントを強調しよう

△BEFORE

最大の特長は、一般的な餃子と同等の食べごたえ。従来のヴィーガン餃子は、野菜のみを使用したものが多く、その満足感に課題がありました。ステイ・ヘルシー餃子は独自の手法で大豆ミート特有のくさみをカットした国産大豆ミートとおからを使用し、家族みんなが満足できるヴィーガン餃子を実現しました。

◎AFTER

最大の特長は、<u>一般的な餃子と同等の食べごたえ</u>。従来のヴィーガン餃子は、野菜のみを使用したものが多く、その満足感に課題がありました。ステイ・ヘルシー餃子は独自の手法で<u>大豆ミート特有のくさみをカット</u>した国産大豆ミートとおからを使用し、家族みんなが満足できるヴィーガン餃子を実現しました。

斜め読みをした際、せっかくのアピールポイントが文中に埋もれてしまい伝わらないのはもったいないですよね。しっかり魅力が伝わるよう、◎**AFTER** のように、本文中のアピールポイントを強調して伝えましょう。

ただし、強調箇所が多すぎたり長文を強調させたりすると、逆にどれも目立たなくなります。**特に伝えたいポイントにしぼってアピール**しましょう。

また、色で強調する場合、モノクロ印刷時もしっかり強調されるように、**下線を引いたり、太くしたりしておく**とよいでしょう。

「おかたい文書」確認テスト

問1 次の4つの中から、文書のタイトルを決める時に注意すべき点を
1つ選びなさい。

A. なるべく情報を詰め込む　　　　B. なるべく簡潔にする

C. いつも同じタイトルにする　　　D. 特に注意しなくてよい

問2 次の4つの中から、最も視認性が高く読みやすいフォントを1つ
選びなさい。

A. 明朝体　　　　　　　　　　　B. 筆文字書体

C. デザイン書体　　　　　　　　D. ゴシック体

ヒント→P.29

問3 次の4つの中から、年配の方にわかりやすく伝えるための工夫を
すべて選びなさい。（複数回答）

A. 親しみやすい言い回しにする　　B. なるべく専門的な言葉を使う

C. 文字サイズを大きくする　　　　D. 図解で伝える

ヒント→P.34〜37

問4 次の4つの中から、視線の動きをコントロールするための工夫を
1つ選びなさい。

A. すべて横書きで揃える　　　　　B. すべて縦書きで揃える

C. 縦書きと横書きを混在させる　　D. 視線の動きは気にしなくてよい

ヒント→P.42

問5　フォントサイズが10ptだった場合の長文で、最も読みやすい
　　　行間設定を、次の4つの中から1つ選びなさい。

A.　3~5pt

B.　7~10pt

C.　11~15pt

D.　16~20pt

_____ ヒント→P.44

問6　紙面をスッキリ見せるためには、エリアを何で囲むのが適切か、
　　　次の4つの中から1つ選びなさい。

A.　余白

B.　線

C.　文字

D.　模様

_____ ヒント→P.45

問7　次の4つの中から、プレスリリースで最も重要な要素を1つ選びなさい。

A.　タイトル

B.　イメージ画像

C.　リード文

D.　本文

_____ ヒント→P.51

問8　次の4つの中から、より効果的なプレスリリースを作るための
　　　工夫をすべて選びなさい。（複数回答）

A.　イメージ画像は大きく載せる

B.　レイアウトをテンプレート化する

C.　情報を整理して区分けする

D.　文中のアピールポイントを強調する

_____ ヒント→P.50~53

| 「おかたい文書」確認テスト　解答 |

| 問1 | B | | 問2 | D | | 問3 | A,C,D | | 問4 | C |

| 問5 | B | | 問6 | A | | 問7 | A | | 問8 | A,B,C,D |

第2章 おかたい広報紙

たくさんの情報を、わかりやすくまとめて伝える広報紙。1枚物のチラシと違って、冊子全体の構成や、コーナーごとのデザインなど、チラシの何倍もやることがある割に、あまり読まれないことも…。気軽に手に取ってもらい、最後まで読みやすい広報紙にアップデートしていきましょう。

あなたと街をつなぐ広報紙
広報 SHOUEI
発行：翔泳市広報課

2023
6
No.221

特集
始まっています、
スマート農業。

2022 年度　決算報告

シティプロモーションの
ロゴマークが決定！

ワクチン接種情報
おもちゃドクター特集
市内のおでかけ情報
職員採用情報

もう何年もリニューアルされてない広報紙の表紙。写真が変わるたびにレイアウトに迷うし、**なんだか古い…**。今っぽい感じにリニューアルできませんか？

手に取りやすさ をUPDATE！

あなたと街をつなぐ広報紙

広報 *SHOUEI*

2023
6
No.221

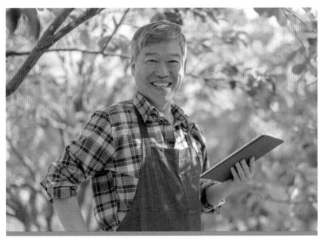

2022年度　決算報告

シティプロモーションの
ロゴマークが決定！

ワクチン接種情報
おもちゃドクター特集
市内のおでかけ情報
職員採用情報

発行：翔泳市 広報課

特集
始まっています、
スマート農業。

どこが改善されたか、わかりますか？

まず手に取ってもらうために、文字情報はそのままで、**あか抜けたイメージにリメイク**しました。デザインのトレンドや更新のしやすさも考慮しながら、スッキリ見やすく仕上げました。

古いフォント

あなたと街をつなぐ広報紙

広報 SHOUEI

発行：翔泳市広報課

2023
6
No.221

色の使いすぎ

特集
始まっています、
スマート農業。

2022 年度　決算報告

シティプロモーションの
ロゴマークが決定！

同じ文字サイズ

ワクチン接種情報
おもちゃドクター特集
市内のおでかけ情報
職員採用情報

文字が読みにくい

デザインには賞味期限があります。 リニューアル当初は新しく感じた
デザインでも、それが定番になってくると「よく見る」「ありきたり」といっ
たマイナスのイメージにつながってしまうことも。表紙は広報紙の顔。
2〜3年のサイクルでデザインを見直すのが理想的です。

新しいフォント

あなたと街をつなぐ広報紙

広報 *SHOUEI*

2023
6
No.221

少ない色数

強弱のある文字サイズ

2022 年度　決算報告

シティプロモーションの
ロゴマークが決定！

ワクチン接種情報
おもちゃドクター特集
市内のおでかけ情報
職員採用情報

発行：翔泳市 広報課

特集

始まっています、
スマート農業。

写真と文字を分けた
レイアウト

次ページから、ポイントを解説！

デザインのトレンドをおさえつつ、誰が担当者になっても
一定のクオリティを保つため、**更新しやすいレイアウト**に。
大きな余白でヌケ感を出すことで、気軽に手に取って、
パラパラとめくってみたくなる表紙になりました。

デザインに新しさを感じさせるために
新しいフォントを取り入れよう

△ BEFORE

あなたと街をつなぐ広報紙
広報 SHOUEI

◎ AFTER

あなたと街をつなぐ広報紙
広報 *SHOUEI*

フォントにもトレンドがあり、毎年新しいフォントがどんどん登場しています。10年以上前からずっとPCに入っているような**昔ながらのフォントを使うと、必然的にデザインからも古い印象**がしてしまいます。

特に「**MSゴシック系**」「**POP体系**」「**丸ゴシック系**」フォントは要注意。プロのデザインの現場ではあまり使われないこともあり、相対的にあか抜けなさの原因となってしまいます。

これを回避するため、**なるべく新しいバージョンのOSで制作**してみたり、OSに入っていない新しいフリーフォントを検索してみたりするのもおすすめです。

シンプルで洗練された印象にしたいなら
配色は2色に抑えよう

人間は、無意識に色から情報を感じ取ります。△BEFORE のように色数が多いとその分情報量が増えてしまい、ゴチャ見えの原因になってしまいます。

そのため、あれこれ目立たせたいからと、むやみに色を増やすのはNG。白と黒以外は**基本カラー1色+アクセントカラー1色の、計2色に抑える**と、写真の良さが引き立つシンプルな表紙になります。

◎AFTER のように、**アクセントカラーは一番大きく見せたい部分だけに使う**と、効果的に視線を誘導できます。

63

わかりやすく内容を伝えるために
見出しのサイズに強弱をつけよう

△BEFORE

◎AFTER

中面の記事の一部を見出しで紹介する場合は、**メインの見出しを大きく、その他はグッと小さくして**強弱をつけましょう。

△**BEFORE** のように同じ文字サイズにしてしまうと、どれも並列に見え、どの見出しも目立たなくなってしまいます。

◎**AFTER** では、重要な見出しにしっかり目がとまり、自然に小さな見出しにも視線が動かしやすいデザインになっています。

サイズの強弱で目立たせることで、**余計な装飾や配色で目立たせる必要がなくなり**、紙面がスッキリとシンプルに見えます。

更新しやすくするために
写真と文字のエリアを分けよう

背景全面に写真を敷くデザインはインパクトは出ますが、複雑な背景によって文字が読みにくくなり、可読性を上げるために色を変えたり、縁文字やドロップシャドウなど加工が必要になったりします。また、写真の構図が変わるたびに、文字の配置やバランスを考える手間がかかってしまいます。

そこで、◎ **AFTER** のように、あらかじめ写真のエリアと文字情報のエリアを分けてレイアウトしてみましょう。

配置や配色、文字のサイズやあしらいなどを決めておくことで、**更新の手間が省ける**とともに、**担当者が代わってもクオリティを保つ**ことができます。

特集 省エネについて考えよう

💡 省エネって何?

省エネとは、「省エネルギー」の略です。石油や石炭、天然ガスなどの限りあるエネルギー資源が枯渇してしまうことを防ぐために、エネルギーを効率よく使うことを指します。私たちの生活に欠かせない電気、ガス、水道はもちろん、物流を支える運輸、通信なども、全てエネルギーを使用しています。私たちの生活は、エネルギーによって支えられています。

💡 なぜ省エネが必要なの?

省エネはエネルギーの安定供給の確保と、地球温暖化防止のふたつの意義をもっています。エネルギーの安定供給の確保は、エネルギー資源のほとんどを輸入に頼っている日本にとって最重要課題のひとつです。地球温暖化防止については、温室効果ガスの大部分を占める CO_2 排出削減へ向けて、省エネの必要性が高まっています。

💡 家庭でできる省エネ対策　少しの工夫でも積み重なれば大きな節電効果に!

エアコン
室内の冷やし過ぎに注意し、無理のない範囲で設定温度を上げる。目詰まりしたフィルターを掃除し、日中はすだれなどで窓からの日差しを和らげる。

照明
不要な照明は消し、リビングや寝室の照明の明るさを下げる。

冷蔵庫
冷蔵庫の冷やし過ぎを避け、強→中にする扉をあける回数を減らし、食品を詰め込みすぎない。

テレビ・PC
本体の主電源を切り、またテレビは省エネモードに設定し、なるべく画面の輝度を下げ、見ていない時は消す。

電化製品全般
使わない機器はコンセントからプラグを抜く。

7/1〜9/30までは夏の省エネ月間です
ひとりひとり無理のない範囲で、省エネのご協力をお願いします。
特に電力消費が多くなる 17:00〜20:00 頃には節電へのご協力をお願いします。

毎号、悩みながら特集の原稿を書いています。読者に伝えたいことがありすぎて、**文字だらけのページに…**。ちゃんと読んでもらえているのか不安!

少しの工夫でも、
みんなでやれば大きな省エネに

今すぐできる！
夏の省エネ対策

私たちの生活に欠かせないエネルギー。ひとりひとりの小さな行動の積み重ね
が、大きな省エネにつながります。エネルギーの安定供給の確保と、地球温暖
化防止のため、ご家庭ですぐにできる省エネ対策をご紹介します。

エアコン
- ☐ 設定温度を上げる
- ☐ フィルターを掃除する
- ☐ 窓からの日差しを遮る

28℃

照明
- ☐ 不要な照明は消す
- ☐ 調節照明は明るさを下げる

テレビ・パソコン
- ☐ 本体の主電源を切る
- ☐ 省エネモードに設定する
- ☐ 画面の輝度を下げる
- ☐ 見ていない時は消す

冷蔵庫
- ☐ 設定を強→中にする
- ☐ 扉をあける回数を減らす
- ☐ 食品を詰め込みすぎない

電化製品全般
- ☐ 使わない機器は
  コンセントから抜く

7/1〜9/30まで

夏の省エネ・節電へのご協力のお願い

ひとりひとり無理のない範囲で、省エネのご協力をお願いします。

特に電力消費が多くなる **17：00〜20：00** 頃には節電へのご協力をお願いします。

原稿を文章のまま流し込むと、紙面にメリハリが出ず、
目立たないページになってしまいます。しっかり目にとめ
てもらうためには、メリハリのある構成が理想的です。

どこが改善されたか、わかりますか？

長すぎるリード文 ✕

特集　省エネについて考えよう

💡 省エネって何?

省エネとは、「省エネルギー」の略です。石油や石炭、天然ガスなどの限りあるエネルギー資源が枯渇してしまうことを防ぐために、エネルギーを効率よく使うことを指します。私たちの生活に欠かせない電気、ガス、水道はもちろん、物流を支える運輸、通信なども、全てエネルギーを使用しています。私たちの生活は、エネルギーによって支えられています。

💡 なぜ省エネが必要なの?

省エネはエネルギーの安定供給の確保と、地球温暖化防止のふたつ~~~~をもっています。エネルギーの安定供給の確保は、エネルギー資源のほとんどを輸入に頼っている日本~~~地球温暖化防止については、温室効果ガスの大部分を占める CO_2 排出削~~~まっています。

インパクトがなく ✕
読み飛ばされる

💡 家庭でできる省エネ対策　少しの工夫でも積み重なれば大きな節電効果に!

エアコン
室内の冷やし過ぎに注意し、無理のない範囲で設定温度を上げる。目詰まりしたフィルターを掃除し、日中はすだれなどで窓からの日差しを和らげる。

照明
不要な照明は消し、リビングや寝室の照明の明るさを下げる。

冷蔵庫
冷蔵庫の~~~
扉をあける回数を減らし、食品を詰め込みす~~~
ぎない。

文章で伝えている ✕

テレビ・PC
本体の主電源を切り、またテレビは省エネモー~~~~~~ディスプレイの輝度を下げ、見て

電化製品全般
使わない機器はコンセントからプラグを抜く。

メッセージが控えめ ✕

7/1～9/30 までは夏の省エネ月間です
ひとりひとり無理のない範囲で、省エネのご協力をお願いします。
特に電力消費が多くなる 17：00～20：00 頃には節電へのご協力をお願いします。

文字ばかりのページでは、読者が読み進もうという気持ちになりません。ページの構成で**最も大切なことは情報の整理**。情報量が多いままデザインすると、文書のようなメリハリのないページに仕上がってしまいます。

整理されたリード文

少しの工夫でも、
みんなでやれば大きな省エネに

今すぐできる！
夏の省エネ対策

私たちの生活に欠かせないエネルギー。ひとりひとりの小さな行動の積み重ね
が、大きな省エネにつながります。エネルギーの安定供給の確保と、地球温暖
化防止のため、ご家庭ですぐにできる省エネ対策をご紹介します。

 エアコン
- ☐ 設定温度を上げる
- ☐ フィルターを掃除する
- ☐ 窓からの日差しを遮る

照明
- ☐ 不要な照明
- ☐ 調節照明

インパクトがあり
記事が目にとまる

 テレビ・パソコン
- ☐ 本体の主電源を切る
- ☐ 省エネモードに設定する
- ☐ 画面の輝度を下げる
- ☐ 見ていない時は消す

 冷蔵庫
- ☐ 設定を強→中にする
- ☐ 扉をあける回数を減らす
- ☐ 食品を入みすぎない

電化製品
- ☐ 使わない機器は
  コンセントから抜く

イメージで伝えている

メッセージが
印象に残る

7/1〜9/30 まで

夏の省エネ・節電へのご協力のお願い

ひとりひとり無理のない範囲で、省エネのご協力をお願いします。
特に電力消費が多くなる **17：00〜20：00** 頃には節電へのご協力をお願いします。

次ページから、ポイントを解説！→

そこでまず**不要な情報の整理**と、情報の伝え方から見直し
ました。記事からのメッセージがシンプルになるとともに、
文字量を減らしたことで、**メリハリのある見やすい構成**にアッ
プデートできました。

本題を読みやすくするために

リード文は短くまとめよう

△BEFORE

💡 **省エネって何？**

省エネとは、「省エネルギー」の略です。石油や石炭、天然ガスなどの限りあるエネルギー資源が枯渇
してしまうことを防ぐために、エネルギーを効率よく使うことを指します。私たちの生活に欠かせない
電気、ガス、水道はもちろん、物流を支える運輸、通信なども、全てエネルギーを使用しています。私
たちの生活は、エネルギーによって支えられています。

💡 **なぜ省エネが必要なの？**

省エネはエネルギーの安定供給の確保と、地球温暖化防止のふたつの意義をもっています。エネルギーの
安定供給の確保は、エネルギー資源のほとんどを輸入に頼っている日本にとって最重要課題のひとつです。
地球温暖化防止については、温室効果ガスの大部分を占める CO_2 排出削減へ向けて、省エネの必要性が高
まっています。

たくさん書いた方が親切？

◎AFTER

私たちの生活に欠かせないエネルギー。ひとりひとりの小さな行動の積み重ね
が、大きな省エネにつながります。エネルギーの安定供給の確保と、地球温暖
化防止のため、ご家庭ですぐにできる省エネ対策をご紹介します。

リード文は、ページのイントロとなる大切な要素です。

△BEFORE のようにリード文で長文が書かれていると、読者は本題
に入る前に読み疲れてしまいます。◎AFTER のように2〜3行に要点
をまとめ、サラッと本題に移れるように配慮しましょう。

リード文に限らず、原稿をそのまま流し込むと文字だらけのページ
になってしまいがちです。**「記事から一番伝えたいこと」を明確**にし、
それを伝えるために必要な情報を取捨選択して、**メリハリをつけて**
構成しましょう。

記事に気づいてもらうために
記事の入り口を大きく作ろう

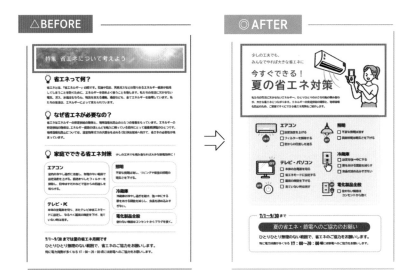

広報紙を読むシーンを思い出すと、1ページ1ページ丁寧に読むというよりは、パラパラと斜め読みするケースの方が多いのではないでしょうか。そんなパラパラ読みの時でもパッと記事が目にとまるように、ページの冒頭に**大きな記事の入り口**を作りましょう。

△BEFORE は、見出しと同じ文字サイズのタイトルがあるだけで、紙面にインパクトがありません。◎AFTER のようにページ冒頭に目を引くビジュアルがあれば、視線がそこにとまりやすくなります。

入り口は、**わかりやすく大きなタイトル**、**興味を引くキャッチコピー**、**簡潔なリード文**、**イメージ画像**、の4点で構成するのが理想的です。

気軽にお知らせしたい内容は
簡潔な言葉とイラストで伝えよう

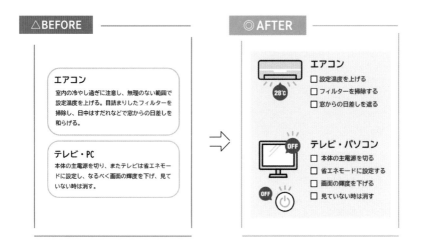

広報紙には、インタビューのような長文でしか伝えられない記事と、お知らせのように気軽に周知したい記事があります。

気軽に知ってほしい内容は、△BEFOREのように文章で説明しようとせず、◎AFTERのように簡潔な言葉と絵を使って構成してみましょう。絵がアイキャッチとなって、「**読む**」感覚から「**見る**」感覚になり、内容がグッと伝わりやすくなります。

イラストはなるべくシンプルなものを選びましょう。また、同じ記事内で複数のイラストを使う場合は、**同じ作者の同じテイストのイラストを選ぶ**ことで、デザインに統一感が出ます。

メッセージを印象づけるために
記事の最後にゴールを作ろう

△BEFORE

7/1〜9/30 までは夏の省エネ月間です
ひとりひとり無理のない範囲で、省エネのご協力をお願いします。
特に電力消費が多くなる 17：00〜20：00 頃には節電へのご協力をお願いします。

◎AFTER

7/1〜9/30 まで

夏の省エネ・節電へのご協力のお願い

ひとりひとり無理のない範囲で、省エネのご協力をお願いします。
特に電力消費が多くなる **17：00〜20：00** 頃には節電へのご協力をお願いします。

記事から伝えたいメッセージは、記事の最後に目立つようにデザインして、読者に確実に伝えましょう。

△BEFORE のように文章だけで伝えるだけでは印象に残りません。
◎AFTER のように、見出しを大きく目立つようにデザインすることで、記事の**読み終わりに視線を誘導する**ことができます。

商品やサービスのお知らせであれば詳細情報への誘導、セミナーやイベントのお知らせであれば申し込み方法など、記事の**読み終わりに促したい行動に合わせて**、必要な情報をしっかり大きくデザインしましょう。

まちのINFORMATION

翔泳町民手帳 予約受付中

2024年度版翔泳町民手帳（10月発売予定）の予約を受け付けています。連絡先や所在地一覧、緊急時の行事など街の情報が盛りだくさんです。各種統計データも掲載されています。表紙は2色から選べます。
◆費用 1冊500円（税込）
◆申込み・問い合わせ
まちづくり課（町役場新館2階）☎12・3456
◆電話方法 9月3日（金）までに電話または役場の窓口から

森づくりアカデミー オープンキャンパス

未来の森を育てる担い手の育成を目的に、この地に設立された「森づくりアカデミー」の授業を体験していただけるオープンキャンパスを開催します。
◆対象 林業の現場を体験してみたい人、入学希望者
◆日時 9月5日（日）10時～15時30分
◆場所 森づくりアカデミー
◆内容 学校概要・入試説明、施設見学、オープン授業、在校生とのフリートーク、実習体験
◆申込み・問い合わせ
まちづくり課（町役場新館2階）☎12・3456

お花の寄植え体験

翔泳町フラワーパークでは、月に一回お花の寄植え教室を開催しています。プランターで簡単で可愛らしい寄植えを作るコツを紹介しています。
受講時間は3時間ほどです。
◆開催日 毎月第三水曜日
◆費用 500円（税込）
◆申込み・問い合わせ
翔泳町フラワーパーク
☎12・3456
◆申込み方法 窓口またはお電話にて

災害ボランティア説明会開催

翔泳町では、災害が起こった際にご協力いただける災害ボランティアを随時募集しています。どんな活動をするのかの説明会を開催します。
◆開催日 9月17日（金）
◆費用 無料
◆持物 筆記用具
◆場所 翔泳町役場第4会議室（町役場新館1階）
◆申込み方法 ウェブサイトの特設フォームから

個人事業税の納期限にご注意ください

個人事業税の納付書は、第一期分と第二期分をまとめて送付しています。お間違えのないよう、各納期限までに納付ください。
◆個人事業税の納期限
一期分の納期限は、9月17日（金）
〜第二期分 11月29日（金）
※年税額が1万円以下の場合は、第一期分のみです。
※年税額が1万円を超える場合でも、第一期・第二期分をまとめて納付できます。
※コンビニ納付や、インターネットバンキング、ATMからも可能です。
※口座振替もご利用ください。
◆申込み・問い合わせ
翔泳町税務所
☎12・3456

赤ちゃんと一緒に！ハロウィンイベント

今年も赤ちゃんと一緒にハロウィンイベントに参加しませんか？仮装衣装は会場に用意しています。フォトスポットもあるのでぜひご家族でおでかけください。
◆開催日 9月17日（金）
◆費用 無料
◆申込み方法 子育てふれあいランド窓口またはお電話にて
◆申込み窓口・問い合わせ
翔泳町ボランティアセンター
☎12・3456
◆申込み〆切 9月3日（金）
◆申込み後メールを送信します。

秋のブラスバンドコンサート♪

毎年恒例の翔泳小学校金管クラブによる演奏会を町営ホールで開催します。今年は午前と午後の二部制で行います。ウェブサイトから事前お申込みが必要です。
◆演奏曲目 マンボナンバー5、アンサンブル・ヴァリエーション、ほかコンクール受賞曲を含む6曲
◆開催日 9月17日（金）
◆費用 無料
◆申込み方法 左記ウェブサイトのウェブフォームから
◆問い合わせ
翔泳町商工観光課
☎12・3456
◆申込み〆切 9月3日（金）
◆申込み後メールを送信します。

空き家活用セミナー

持ち主がわからない、使いみちの決まっていない、空き家が眠っていませんか。空き家はそういった空き家の家主、または家主の親族からのご相談を受け付けています。空き家活用の専門家を招いて、左記日程で空き家活用セミナーを開催します。支援事業の一環として、ファーストステップとしてぜひご参加ください。
◆開催日 9月17日（金）
◆費用 無料
◆申込み方法 9月3日（金）までに電話または町役場の窓口にて
◆申込み・問い合わせ
まちづくり課（町役場新館2階）☎12・3456
◆詳細はウェブサイトをご確認ください。

12

お知らせページのレイアウトは毎号悩みの種…。空いた**隙間に画像を入れてつじつま合わせ**。でもなんだかゴチャゴチャしてきちんと伝わっているのか不安です。もっと見やすいページになりませんか？

まちの INFORMATION

▼翔泳町民手帳 予約受付中

2024年度版翔泳町民手帳（10月発売予定）の予約を受け付けています。緊急時の連絡先や所在地一覧、年中行事など街の情報が盛りだくさん。各種統計データも掲載されています。表紙は2色から選べます。

◆費用　1冊500円（税込）
◆申込方法　9月3日（金）までに電話または町役場の窓口にて
◆問い合わせ
まちづくり課（町役場新館2階）☎12・3456

▼森づくりアカデミー オープンキャンパス

未来の森を育てる担い手の育成を目的に、伝統ある杉林の地に「森づくりアカデミー」の授業を体験していただけるオープンキャンパスを開催します。

◆対象　入学希望者
◆日時　9月5日（日）10時～15時30分

▼森づくりアカデミー

◆内容　学校概要・入試説明、施設見学、オープン授業、在校生とのフリートーク、実習体験
◆場所　森づくりアカデミー
◆開催日　9月17日（金）
◆持物　筆記用具
◆定員　学校概要・入試説明、議室（町役場新館1階）第4会
◆申込方法　ウェブサイトの特設フォームから
◆申込み・問い合わせ
まちづくり課（町役場新館2階）☎12・3456

▼お花の寄植え体験

翔泳町フラワーパークでは、月に一回お花の寄植え教室を開催しています。プランターで簡単に可愛らしい寄植えを作るコツを紹介しています。受講時間は3時間ほどです。

◆費用　500円（税込）
◆開催日　毎月第三木曜日
◆申込み・問い合わせ
翔泳町フラワーパーク☎12・3456

▼災害ボランティア 説明会開催

翔泳町では、災害が起こった際にご協力いただける災害ボランティアを随時募集しています。どんな活動をするのかの説明会を開催します。

◆費用　無料

▼翔泳町ボランティアセンター

◆申込み・問い合わせ
翔泳町ボランティアセンター☎12・3456
◆申込み〆切
9月3日（金）
◆申込方法
メールを送信します。

▼個人事業税の納期限にご注意ください

◆個人事業税の納期限
（第一期分）9月17日（金）
（第二期分）11月17日（金）
◆問い合わせ翔泳県税事務所
☎12・3456

秋のブラスバンドコンサート♪

毎年恒例の翔泳小学校金管クラブによる演奏会を町営ホールにて開催します。今年は午前と午後の二部制で行います。ウェブサイトから事前お申込みが必要です。

◆費用　無料
◆開催日　9月17日（金）
◆演奏曲　マンボナンバー5、セント・アンソニー・ヴァリエーション、ほかコンクール受賞曲を含む6曲
◆申込方法　ウェブサイトの申込みフォームから
◆問い合わせ
翔泳町商工観光課
☎12・3456
◆申込み〆切
9月3日（金）

▼赤ちゃんと一緒に！ハロウィンイベント

今年も赤ちゃんとハロウィンイベントに参加しませんか？　仮装衣装は会場に用意しています。フォトスポットもあるのでぜひご家族でおでかけください。

◆費用　無料
◆開催日　9月17日（金）
◆申込方法　子育てふれあいランド窓口はお電話にてでに電話または町役場の窓口にて
◆申込み・問い合わせ
子育てふれあいランド

▼空き家活用セミナー

持ち主がわからない、使いみちの決まっていない空き家が眠っていませんか。空き家対策支援事業の一環として、空き家活用の専門家を招いて、左記日程で空き家活用セミナーを開催します。

◆費用　無料
◆開催日　9月17日（金）
◆申込み・問い合わせ
まちづくり課（町役場新館2階）☎12・3456
◆詳細は
ウェブサイトをご確認ください。

12

色々なお知らせをまとめるページでは、内容を読まなくても、このページにどんなトピックが並んでいるかを把握しやすいデザインが親切です。**情報の見つけやすさ**を重視した**デザイン**にアップデートしました。

どこが改善されたか、わかりますか？

隙間を埋めるための画像配置

目立たない見出し

規則性のない配色

単調なレイアウト

まちのINFORMATION

翔泳町民手帳 予約受付中

2024年度版翔泳町民手帳〈10月発売予定〉の予約を受け付けています。連絡先や所在地一覧、緊急時の連絡先など街の情報が盛りだくさん載っています。各種統計データも掲載されています。表紙は2色から選べます。

▼費用　1冊500円（税込）
▼申込・問い合わせ　まちづくり課（町役場新館2階）☎12・3456　9月3日㈮までに電話または町役場の窓口に

▼森づくりアカデミー オープンキャンパス

未来の森を育てる担い手の育成を目的に設立された「森づくりアカデミー」の授業を体験していただけるオープンキャンパスを開催します。「森づくりアカデミー」は、伝統ある杉林の地に設立された…

◆対象　林業の現場を体験してみたい人、入学希望者
◆日時　9月5日㈮10時〜15時30分

▼災害ボランティア説明会開催

翔泳町では、災害が起こった際にご協力いただける災害ボランティアを募集する…どんな活動かの説明会を開催…

◆開催日　9月17日
◆費用　無料
◆持物　筆記用具
◆会議室　開催室
◆申込方法　翔泳町新館…特設フォームから…

お花の寄植え教室を開催しています。プランターで簡単に可愛らしい寄植えを作るコツを紹介しています。受講時間は3時間ほどです。

◆開催日　毎月第三水曜日
◆費用　500円（税込）
◆申込・問い合わせ　フラワーパーク窓口またはお電話にて
翔泳町フラワーパーク☎12・3456

▼個人事業税の納期限にご注意ください

個人事業税の納付書は、第一期分と第二期分をまとめて…※年税額が1万円以下の場合でも、第一期・第二期分をまとめて納付…※コンビニ納付や、インターネットバンキング、ATMの納付もできます。※口座振替もご利用ください。

▼申込・問い合わせ　翔泳町ボランティアセンター☎12・3456　9月3日㈮申込〆切　9月3日以降メールを送信します。

▼ハロウィンイベント 赤ちゃんと一緒に！

今年も赤ちゃんと一緒にハロウィンイベントに参加しませんか？　仮装衣装は会場に用意しています。フォトス…

翔泳県税事務所☎12・3456

▼秋のブラスバンドコンサート♪

毎年恒例の翔泳小学校金管クラブによる演奏会を町営ホールにて開催します。今年は午前と午後の二部制で行います。ウェブサイトから事前お申込みが必要です。

◆開催日　9月17日
◆費用　無料
◆演奏曲　マンボナンバー5、セント・アンソニー・ヴァリエーション、ほかコンクール受賞曲を含む全6曲
◆申込方法　左記ウェブサイトトの申込フォームから
翔泳町商工観光課☎12・3456　9月3日㈮申込〆切　9月3日以降メールを送信します。

ポットもあるのでぜひご家族でおでかけください。
◆開催日　9月17日
◆費用　無料
◆申込・問い合わせ　子育てふれあいランド窓口またはお電話にて
翔泳町子育てふれあいランド☎12・3456

▼空き家活用セミナー

持ち主がわからない、使いみちの決まっていない空き家が眠っていませんか？　空き家活用セミナーを開催します。空き家でお悩みの方はぜひご参加ください。

◆開催日　9月17日
◆費用　無料
◆申込方法　9月3日㈮までに電話または町役場の窓口にて
まちづくり課（町役場新館2階）☎12・3456　詳細はウェブサイトをご確認ください。

12

ゴチャッとして情報を見つけにくい状態です。このゴチャ見えの原因は、記事の横にできた空間になんとなく画像を置いてみたり、なんとなく内容のイメージに近いような見出しの色にしてみたり…と、**デザインに規則性がない**ためです。

アイキャッチとしての
画像配置

まちの INFORMATION

▼翔泳町民手帳 予約受付中

2024年度版翔泳町民手帳（10月発売予定）の予約を受け付けています。緊急時の連絡先や所在地一覧、年中行事など街の情報が盛りだくさん。各種統計データも掲載されています。表紙は2色から選べます。
◆申込方法　1冊500円（税込）
◆申込方法　9月3日(金)までに電話または町役場の窓口に
◆申込み・問い合わせ
まちづくり課（町役場新館2階）☎12・3456

▼森づくりアカデミー オープンキャンパス

未来の森を育てる担い手の育成を目的に、伝統ある杉林の地に設立された「森づくりアカデミー」の授業を体験していただけるオープンキャンパスを開催します。「森づくりアカデミー」の授業を体験してみたい方、入学希望者のためのオープンキャンパス。
◆対象　林業の現場を体験し
◆日時　9月5日(日)10時〜15時30分

▼お花の寄植え体験

翔泳町フラワーパークでは、月に一回お花の寄植え教室を開催しています。プランターで簡単に可愛らしい寄植を作るコツを紹介していきます。受講時間は3時間ほどで
◆開催日　毎月第三水曜日
◆費用　500円（税込）
◆申込み・問い合わせ
翔泳町フラワーパーク☎12・3456

▼災害ボランティア 説明会開催

翔泳町では、災害が起こった際にご協力いただける災害ボランティアを随時募集しています。どんな活動をするのかの説明会を開催します。
◆費用　無料

しっかり目を引く見出し

▼くりアカデミー
概要・入試説明、オープン授業、在ワーク、実習
◆持物　筆
◆開催日　翔
◆場所　翔
◆講室（町役
◆申込フォ
特設フォー
◆申込み・
翔泳町ボラ
☎12・345
◆申込　9
9月3日(金)
9月3日後
メールを送信します。

▼個人事業税の納期限に ご注意ください

個人事業税の納期限
◆第一期分＝9月17日(金)
◆第二期分＝11月17日(金)
◆問い合わせ翔泳県税事務所☎12・3456

テーマカラーだけを
使った配色

の　会

▼赤ちゃんと一緒に！ ハロウィンイベント

今年も赤ちゃんと一緒にハロウィンイベントに参加しませんか？　仮装衣装は会場に用意しています。フォトスポットもあるのでぜひご家族でお出かけください。
◆開催日　9月17日(金)
◆費用　無料
◆申込方法　子育てふれあいランド窓口またはお電話でもお申込みいただけます。
◆申込み・問い合わせ
翔泳町子育てふれあいランド☎12・3456

▼空き家活用セミナー

持ち主がわからない、使いみちが決まっていない空き家が眠っていませんか？　空き家対策支援事業の一環として、空き家活用の専門家を招いて、左記日程で空き家活用セミナーを開催します。
◆開催日　9月17日(金)
◆費用　無料
◆申込方法　9月3日(金)までに電話または町役場の窓口にて
◆申込み・問い合わせ
まちづくり課（町役場新館2階）☎12・3456
詳細はウェブサイトをご確認ください。

秋のブラスバンド コンサート♪

毎年恒例の翔泳小学校金管クラブによる演奏会を町営ホールにて開催します。今年は午前と午後の二部制で行います。ウェブサイトから事前お申込みが必要です。
◆費用　無料
◆開催日　9月17日(金)
◆演奏曲　マンボナンバー5、セント・アンソニー・ヴァリエーション、ほかコンクール受賞曲を含む6曲
◆申込方法　ウェブサイトの申込

9月3日(金)

メリハリのある
レイアウト

12

そこで、ページ内に使う**色の数やあしらいに規則性を持たせ**、情報を見つけやすいデザインに改善しました。また単調になりすぎないように、**あえて異なるデザインのエリアを設ける**ことで紙面にメリハリも出しました。

次ページから、ポイントを解説！

記事を見つけやすいように

見出しをアイキャッチにしよう

△BEFORE

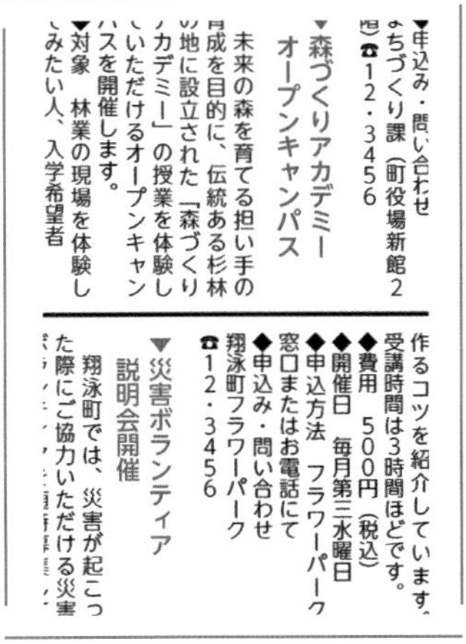

◎AFTER

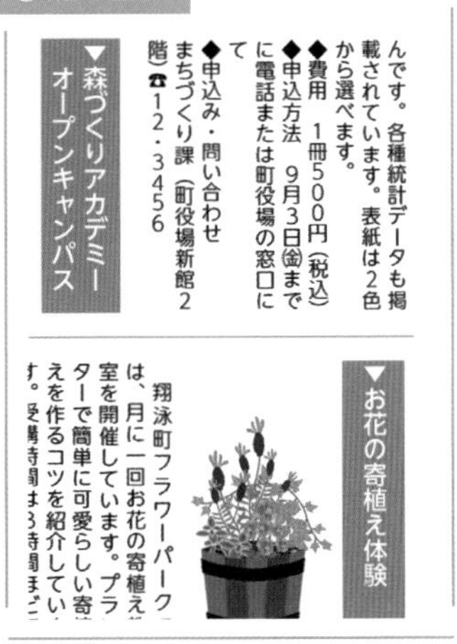

情報量が多いページでは、見出しが目次代わりとなるように、**見出しそのものをアイキャッチにして**目立たせてあげましょう。

△BEFORE では見出しの色に変化をつけて目立たせようとしていますが、**本文と見分けがつきにくい**ため、見出しがパッと目に入ってきません。

◎AFTER のように、**ベタ塗り＋白抜き文字**のデザインにすることで、本文とのコントラストが生まれ、見出しがパッと目にとまるようになります。**すべての見出しを同じデザインで統一**して、情報を見つけやすい紙面を目指しましょう。

画像は見出しの直後に置こう

△BEFORE

▼森づくりアカデミー
オープンキャンパス

未来の森を育てる担い手の育成を目的に、伝統ある杉林の地に設立された「森づくりアカデミー」の授業を体験していただけるオープンキャンパスを開催します。

◆対象 林業の現場を体験してみたい人、入学希望者
◆日時 9月5日㊏10時〜15時30分

⇓

◎AFTER

▼森づくりアカデミー
オープンキャンパス

未来の森を育てる担い手の育成を目的に、伝統ある杉林の地に設立された「森づくりアカデミー」の授業を体験していただけるオープンキャンパスを開催します。

◆対象 林業の現場を体験してみたい人、入学希望者
◆日時 9月5日㊏10時〜15時30分

タイトルだけより目立つ！

文字主体の紙面では、**画像もアイキャッチになります**。これを利用して、◎AFTER のように見出しの直後にイメージ画像を配置することで、より効果的に見出しへ視線を誘導することができます。

△BEFORE のように、本文の終わりに画像を置くと、本文を読もうとしているのに視線が画像へ引っ張られてしまい、読みにくさを感じてしまいます。

見出し+イメージ画像を1セットでレイアウトすることで、見出しの内容をより強く印象に残せます。

スッキリ読みやすい紙面にするには
テーマカラー1色だけで配色しよう

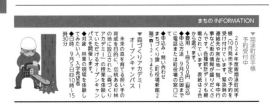

たとえフルカラーで印刷される場合でも、**色数を増やすことはゴチャ見えの原因**になります。情報を見つけやすくするために、色数は必要最低限に抑えましょう。

△BEFORE のように、特に規則性がなく異なる色が点在していると、余計な情報が増えて読みにくくなってしまいます。◎AFTER では、背景色の白、文字色の黒以外で使う色は「**テーマカラー1色のみ**」**というルールで配色**しています。

なおテーマカラーは、**鮮やかさ（彩度）を抑えた色を選ぶ**と読みやすい紙面になります。

紙面にメリハリを出すためには

特設エリアを作ろう

△ BEFORE

◎ AFTER

△ **BEFORE** のように、均等な段組のレイアウトパターンが何ページも続くと、**現在地がわかりにくくなり**、どの情報がどのページにあったのかも記憶に残りにくくなります。ページにちょっとした特徴を出すため、紙面の一部に特設エリアを設けて、単調なレイアウトのリズムを崩しましょう。

◎ **AFTER** では、縦書きが基本のレイアウトに横書きのエリアを設けることで、紙面にメリハリを出すとともに、**イベントの存在を効果的に目立たせて**います。

このエリアでは**集客の多いイベントや重要度の高いお知らせなど**、より広く周知したい事柄を掲載するのがおすすめです。

食器リサイクル回収のお知らせ

問合せ：住民課　リサイクル係　☎01-2345

▶回収場所・回収日

	10/15 （土）	10/16 （日）	10/22 （土）	10/23 （日）
回収場所	まちづくりセンター	あおぞら会館	まちづくりセンター	あおぞら会館
	翔泳第一集会所	ひまわり集会所	翔泳第一集会所	ひまわり集会所
	翔泳第二集会所	翔泳図書会館	翔泳第二集会所	翔泳図書会館
	みどり集会所	南図書室分館	みどり集会所	南図書室分館
	翔泳町役場玄関前		翔泳町役場玄関前	
	翔泳公民館		翔泳公民館	

❗回収について

・回収箱は、回収日前日の午後に設置します。
・回収箱は、回収日当日の18時までに撤収します。
・割れていても収集しますが、食器以外のものは出さないでください。
・包装紙やビニールなどは取り外してください。

❗回収できないもの

食器以外のもの（灰皿・花瓶・仏具など）
土鍋など耐火性のもの・朱塗りのもの
ガラス製品・コレール製品
汚れのひどいもの

ご協力よろしく
おねがいします！

次回の燃えるごみの休日収集日は11/3（木・祝）です。

モノクロのページは、できあがってみると**重たくて真面目な印象**になってしまいます。イラストや飾り罫などで親しみやすさを出そうとしましたが、逆にゴチャゴチャしているような…。

食器リサイクル回収のお知らせ

問合せ：住民課　リサイクル係　☎01-2345

▶回収場所・回収日

	10/15（土）	10/16（日）	10/22（土）	10/23（日）
回収場所	まちづくりセンター	あおぞら会館	まちづくりセンター	あおぞら会館
	翔泳第一集会所	ひまわり集会所	翔泳第一集会所	ひまわり集会所
	翔泳第二集会所	翔泳図書会館	翔泳第二集会所	翔泳図書会館
	みどり集会所	南図書室分館	みどり集会所	南図書室分館
	翔泳町役場玄関前		翔泳町役場玄関前	
	翔泳公民館		翔泳公民館	

！ 回収について

・回収箱は、回収日前日の午後に設置します。
・回収箱は、回収日当日の 18 時までに撤収します。
・割れていても収集しますが、食器以外のものは出さないでください。
・包装紙やビニールなどは取り外してください。

！ 回収できないもの

食器以外のもの（灰皿・花瓶・仏具など）
土鍋など耐火性のもの・朱塗りのもの
ガラス製品・コレール製品
汚れのひどいもの

ご協力よろしくおねがいします！

次回の燃えるごみの休日収集日は 11/3（木・祝）です。

モノクロのページは、**色の情報がない分、内容をシンプルに伝えられる**利点があります。ただし黒1色だけで配色するとかたすぎる印象に。やわらかさを出すためには、グレーの濃淡を使い分けて配色しましょう。

どこが改善されたか、わかりますか？

黒100%だけの配色

食器リサイクル回収のお知らせ

問合せ：住民課　リサイクル係　☎01-2345

▶回収場所・回収日

	10/15（土）	10/16（日）	10/22（土）	10/23（日）
回収場所	まちづくりセンター	あおぞら会館	まちづくりセンター	あおぞら会館
	翔泳第一集会所	ひまわり集会所	翔泳第一集会所	
	翔泳第二集会所	翔泳図書会館	翔泳第二集会所	
	みどり集会所	南図書室分館	みどり集会所	南図書室分館
	翔泳町役場玄関前		翔泳町役場玄関前	
			翔泳公民館	

メリハリのない
文字サイズ

必要のない装飾

❗ 回収について

　・回収箱は、回収日前日の午後に設置します。
　・回収箱は、回収日当日の18時までに撤収します。
　・割れていても収集しますが、食器以外のものは出さないでください。
　・包装紙やビニールなどは取り外してください。

❗ 回収できないもの

事務的なピクトグラム

食器以外のもの（灰皿・花瓶・仏具など）
土鍋など耐火性のもの・朱塗りのもの
ガラス製品・コレール製品
汚れのひどいもの

ご協力よろしくおねがいします！

次回の燃えるごみの休日収集日は11/3（木・祝）です。

1色刷りだからと、**100%の黒しか使われていない**状態です。黒の塗りを広い面積に使うと、重たく見えるだけでなく、本文よりも目立って読みにくく感じてしまいます。親しみやすい雰囲気にしようと配置したピクトグラムも事務的に見え、逆効果に。

複数のグレーを使った
やわらかい配色

食器リサイクル回収のお知らせ

問合せ：住民課　リサイクル係　☎01-2345

▶回収場所・回収日

	10/15（土）	10/16（日）	10/22（土）	10/23（日）
回収場所	まちづくりセンター	あおぞら会館	まちづくりセンター	あおぞら会館
	翔泳第一集会所	ひまわり集会所	翔泳第一集会所	ひ
	翔泳第二集会所	翔泳図書会館	翔泳第二集会所	翔
	みどり集会所	南図書室分館	みどり集会所	南図書室分館
			翔泳町役場玄関前	
	翔泳公民館		翔泳公民館	

メリハリのある
文字サイズ

シンプルなあしらい

! 回収について

・回収箱は、回収日前日の午後に設置します。
・回収箱は、回収日当日の 18 時までに撤収します。
・割れていても収集しますが、食器以外のものは出さないでください。
・包装紙やビニールなどは取り外してください。

! 回収できないもの

食器以外のもの（灰皿・花瓶・仏具など）
土鍋など耐火性のもの・朱塗りのもの
ガラス製品・コレール製品
汚れのひどいもの

ご協力よろしく
おねがいします！

やわらかいイメージの
イラスト

次回の燃えるごみの休日収集日は 11/3（木・祝）です。

そこで、100%の黒だけでなく、異なる**グレーの濃淡を使
い分けて**やわらかい印象にアップデート。必要のない装
飾を省き、文字サイズにメリハリをつけ、情報が伝わりや
すい紙面に整えました。

次ページから、ポイントを解説！ →

重たい印象を与えないために
グレーを使って配色しよう

△BEFORE

	10/15（土）	10/16（日）	10/22（土）	10/23（日）
回収場	まちづくりセンター	あおぞら会館	まちづくりセンター	あおぞら会館
	翔泳第一集会所	ひまわり集会所	翔泳第一集会所	ひまわり集会所
	翔泳第二集会所	翔泳図書会館	翔泳第二集会所	翔泳図書会館

◎AFTER

	10/15（土）	10/16（日）	10/22（土）	10/23（日）
回収場	まちづくりセンター	あおぞら会館	まちづくりセンター	あおぞら会館
	翔泳第一集会所	ひまわり集会所	翔泳第一集会所	ひまわり集会所
	翔泳第二集会所	翔泳図書会館	翔泳第二集会所	翔泳図書会館

目にやさしい！

モノクロのデザインだからと、△BEFORE のように100％の黒1色だけで配色してしまうと、**コントラストがきつくなり**、重たいイメージになってしまいます。

◎AFTER のように、黒100％以外にも**10％**、**30％**、**60％**など、**3段階程度の濃さの違うグレー**を用意して配色してみましょう。コントラストがやわらぎ、見やすい紙面になります。

作例の日付部分のように、特に目立たせたい部分は、濃いグレーの背景＋白抜き文字で、視線を誘導することができます。

内容を把握しやすくするために
見出しを意識的に大きくしよう

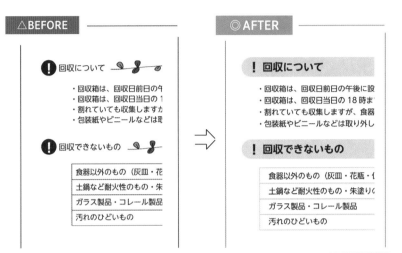

モノクロの紙面では前ページの「濃い背景色＋白抜き文字」の見出しがアイキャッチとして有効ですが、紙面上のあちこちを白抜き文字の見出しにすると、かえって見にくくなってしまいます。

そこで◎AFTERのように**見出しの文字サイズを大きくする**ことで、見やすさを確保しながら、自然に見出しが目に入ってくるデザインにできます。これにより紙面の内容を把握しやすくなるので、情報量の多いページでは特に効果的です。

基本的なテクニックですが、**色で視線誘導できない分、カラーの時よりも意識して**見出しの文字サイズを大きめにしてみましょう。

本文に集中できるように

シンプルなデザインにしよう

△BEFORE

❗ 回収について

・回収箱は、回収日前日の午後に設置します。
・回収箱は、回収日当日の18時までに撤収します。
・割れていても収集しますが、食器以外のものは出さないでください。
・包装紙やビニールなどは取り外してください。

◎AFTER

❗ 回収について

・回収箱は、回収日前日の午後に設置します。
・回収箱は、回収日当日の18時までに撤収します。
・割れていても収集しますが、食器以外のものは出さないでください。
・包装紙やビニールなどは取り外してください。

カラーに比べ、モノクロの紙面はどうしても寂しい印象になりがちです。しかし、親しみやすさやにぎやかさを出したいからと、△BEFORE のように本文の近くに飾り罫などを配置してしまうのは、**読者の気が散ってしまうのでNG**です。

◎AFTER のように、本文に近い所にある見出しは、薄いグレーなどを使い、できるだけスッキリとしたシンプルなデザインにすることで、読者は**本文を読むことに集中できます**。

カラーのイラストをグレー化して
やわらかい印象のイラストを使おう

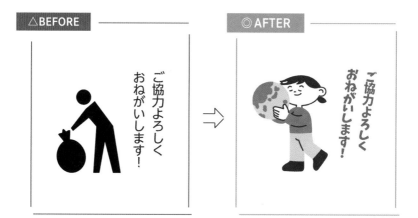

△BEFORE

◎AFTER

ご協力よろしくおねがいします！

ご協力よろしくおねがいします！

モノクロ＝1色の印象が強いためか、イメージ画像に、△BEFORE の
ような1色ベタ塗りで作られた「ピクトグラム」を選んでしまっているケー
スをよく見かけます。

ピクトグラムは、無駄を削ぎ落としたシンプルなデザインで作られ
ており、案内板などによく使われています。そのため事務的なイメー
ジが先行してしまい、親しみやすさを出したい紙面には向いていません。

◎AFTER では、カラーのイラスト素材をグレー化して使っています。

モノクロよりもカラーのイラスト素材の方が選択肢が多いので、まず
はカラーイラストからやわらかい印象の素材を選び、グレーに変換
して使うのがおすすめです。

「おかたい広報紙」確認テスト

問1　デザインの賞味期限はどの程度と考えておくのがよいか、
　　　次の4つの中から1つ選びなさい。

A.　およそ半年〜1年　　　　　　　B.　およそ2年〜3年

C.　およそ4年〜5年　　　　　　　D.　賞味期限はない

　　　　　　　　　　　　　　　　　　　　　　ヒント→P.60

問2　シンプルで洗練された表紙にしたい時、使う色は何色が適当か。

A.　1色　　　　　　　　　　　　　B.　2色

C.　4色　　　　　　　　　　　　　D.　好きなだけ

　　　　　　　　　　　　　　　　　　　　　　ヒント→P.63

問3　次の4つの中から、「記事が目にとまるための工夫」として
　　　正しいものを1つ選びなさい。

A.　情報量を重視する　　　　　　　B.　できるだけ長いタイトルにする

C.　本文のサイズを大きくする　　　D.　大きな入り口を作る

　　　　　　　　　　　　　　　　　　　　　　ヒント→P.71

問4　記事から最も伝えたいメッセージは、記事中のどこに配置すると
　　　強く印象に残るか。次の4つの中から1つ選びなさい。

A.　記事の最後　　　　　　　　　　B.　本文中

C.　リード文　　　　　　　　　　　D.　どこでもよい

　　　　　　　　　　　　　　　　　　　　　　ヒント→P.73

1問10点　　　　点／80点満点

問5　複数のお知らせを網羅するページで、イメージ画像はどこに配置するのが最も効果的か。次の4つの中から1つ選びなさい。

A. 本文の末尾　　　　　　　　　B. 本文の中

C. 見出しの直後　　　　　　　　D. 問い合わせの直後

ヒント→P.78

問6　テーマカラー1色だけで配色する場合、どんな色を選ぶのがよいか。次の4つの中から1つ選びなさい。

A. 黄緑や黄色などの蛍光色　　　B. 鮮やかさを抑えた色

C. できるだけ黒に近い色　　　　D. 赤やピンクなど目立つ色

ヒント→P.80

問7　次の4つの中から、モノクロのページから重たい印象を与えないための工夫を1つ選びなさい。

A. グレーを使う　　　　　　　　B. なるべく塗りを使わない

C. 黒だけを使う　　　　　　　　D. 白抜き文字を使う

ヒント→P.86

問8　読者が本文を読むことに集中するために配慮できることは次の4つのうちどれか。

A. 本文を飾り罫で囲んで目立たせる　　B. 本文をなるべく長く書く

C. 本文の背景に模様を入れる　　　　　D. 本文の周りはシンプルなデザインにする

ヒント→P.88

91

「おかたい広報紙」確認テスト　解答

| 問1 | B | 問2 | B | 問3 | D | 問4 | A |

| 問5 | C | 問6 | B | 問7 | A | 問8 | D |

第3章

おかたいスライド

会議の資料、お得意先でのプレゼンスライドなど、何かと作る機会の多いビジネス資料。資料は事務的に作るものであって、デザインするものではない、と思っていませんか？　見せる相手がいれば、それはもうデザインです。マイナスイメージを与えず、かつ伝わる資料にアップデートしましょう。

翔泳ニュータウン
次世代まちづくり構想

翔泳まちづくり研究所
企画部　田中　良子

構想の背景と目的

＜構想背景＞

転出が転入を超えてから3年
が経過し、また少子高齢化に
より働く世代の人口推移は下
り坂を描き続けている状態で
ある。

試算によると
20年後には税
収が現在の4分
の3に減ること
が予想される。

＜目的（ゴール）＞

町内の取り組みや住民による活動を外部に発
信しながら、子育て世代が住みたいと思える
街のイメージ戦略とプロモーションを行い、
移住促進につなげる。

こちらの伝えたいことをなんとかスライドにまとめてみた
けど、**なぜかあやしい雰囲気に…**。先方にどう思われ
ているか、きちんと伝わってるかどうかも不安です！

翔泳ニュータウン
次世代まちづくり構想

翔泳まちづくり研究所
企画部　田中　良子

構想の背景と目的

構想背景

転出が転入を超えてから3年が経過し、また少子高齢化により働く世代の人口推移は下り坂を描き続けている状態である。

試算によると20年後には税収が現在の**4分の3に減る**ことが予想される。

目的（ゴール）

町内の取り組みや住民による活動を外部に発信しながら、子育て世代が住みたいと思える街のイメージ戦略とプロモーションを行い、**移住促進につなげる。**

デザインは身だしなみのようなもの。初対面であれば、印象には気をつけたいところです。**対外資料のデザインに大切なのは信頼感**です。資料のあやしい印象は、そのまま発信者のイメージにも影響してしまいます。

どこが改善されたか、わかりますか？

凝ったデザイン ✕

✕ 古いフォント

✕ 過度に加工された文字

✕ 統一感のないデザイン

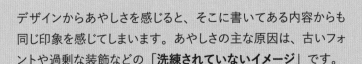

デザインからあやしさを感じると、そこに書いてある内容からも同じ印象を感じてしまいます。あやしさの主な原因は、古いフォントや過剰な装飾などの「**洗練されていないイメージ**」です。

シンプルなデザイン

信頼感のあるフォント

翔泳ニュータウン
次世代まちづくり構想

翔泳まちづくり研究所
企画部　田中　良子

加工を控えた文字

構想の背景と目的

構想背景

転出が転入を超えてから 3 年が経過し、また少子高齢化により働く世代の人口推移は下り坂を描き続けている状態である。

試算によると 20 年後には税収が現在の **4 分の 3 に減る** ことが予想される。

目的（ゴール）

町内の取り組みや住民による活動を外部に発信しながら、子育て世代が住みたいと思える街のイメージ戦略とプロモーションを行い、**移住促進につなげる。**

統一感のあるデザイン

文字情報はそのままに、デザインだけを変えてみました。ポイントは、装飾もフォントも**できるだけシンプル**に抑えながら、**デザインに統一感を出す**こと。スッキリしたデザインは内容も把握しやすく、見る人に信頼感を与えます。

次ページから、ポイントを解説！→

デザインテンプレートを選ぶ時は
シンプルなデザインを選ぼう

用意されたテンプレートからデザインを選ぶ際、△BEFORE のように
凝ったグラフィックのものを選んでしまうと、デザインのイメージが
強くなって、内容とアンバランスに感じてしまうことがあります。

◎AFTER のようになるべく**シンプルなデザインを選ぶ**と、どんな内
容にも使いやすくおすすめです。この作例の場合、シンプルな背
景の最下部に街並みのフリー素材を配置することで、テーマに合っ
たデザインに仕上げています。

また、デザインにはトレンドがあるため、テンプレートが作られた時
期が古いものを使用すると、できあがった資料全体からも古いイメー
ジがしてしまいます。なるべく**新しく作られたテンプレート**を選ぶよう
にしましょう。

信頼感を出したいなら
読みやすいゴシック体を使おう

△ BEFORE

**翔泳ニュータウン
次世代まちづくり構想**

HGP創英角ポップ体

⬇

◎ AFTER

**翔泳ニュータウン
次世代まちづくり構想**

源ノ角ゴシック（無料フォント）

フォントは資料の主役と言える要素です。

△BEFOREのように個性の強いフォントを使うと、クセの強い印象を与えてしまうことがあります。**フォントは読みやすさを優先**させ、なるべくクセのないゴシック体を使いましょう。

また前項同様、フォントのデザインにもトレンドがあるため、同じゴシック体でも、古いフォントを使えばできあがるデザインも古く見えてしまいます。**できるだけ新しいOSやソフトで制作**したり、◎AFTERのように商用にも使用できる無料日本語フォントを試してみたりするなど、新しいフォントを使うことを心がけましょう。

スッキリした印象を与えるために
過度な加工は控えよう

△BEFORE

構想の背景と目的

◎AFTER

構想の背景と目的

あやしいデザインに見えてしまう原因のひとつは、文字や背景への過度な加工です。

特に△BEFOREで使われているような**袋文字、ドロップシャドウ、グラデーション**などは、初期設定のままだと加工がきつくかかるため、読みにくく、あか抜けない印象を与えます。

◎AFERのように、**加工なしの方が内容がシンプルに伝わる**だけでなく、資料からスッキリした印象を与えることができます。

デザイン上特別な理由がない限り、加工で目立たせるのではなく、文字の大きさや背景の切り替えなどで目立たせるようにしましょう。

デザインを統一させよう

△BEFORE

＜構想背景＞

転出が転入を超えてから3年が経過し、また少子高齢化により働く世代の人口推移は下り坂を描き続けている状態である。

試算によると20年後には税収が現在の4分の3に減ることが予想される。

＜目的（ゴール）＞

町内の取り組みや住民による活動を外部に発信しながら、子育て世代が住みたいと思える街のイメージ戦略とプロモーションを行い、移住促進につなげる。

◎AFTER

構想背景

転出が転入を超えてから3年が経過し、また少子高齢化により働く世代の人口推移は下り坂を描き続けている状態である。

試算によると20年後には税収が現在の4分の3に減ることが予想される。

目的（ゴール）

町内の取り組みや住民による活動を外部に発信しながら、子育て世代が住みたいと思える街のイメージ戦略とプロモーションを行い、**移住促進につなげる。**

△BEFORE のように、色々なものが散らばって統一感のないデザインは、**まとまりがなく不安定な印象**を与えます。

◎AFTERでは、見出しと本文をパターン化して、同じ形状・背景色・レイアウトを繰り返すことで、デザインに統一感を出しています。

机の上が整理整頓されている人の印象が良いように、**整ったデザインは見る人に信頼感を与える**だけでなく、内容もシンプルに伝わりやすくなります。

3-2. ゴチャゴチャしたプレゼン資料

地域活性化事業 企画提案書

企画の趣旨

町内会への参加率の低下など、近隣住民同士のつながりが希薄となっている昨今、行政主導の地域活性化イベントが求められている。趣味嗜好の似た住民同士がつながるきっかけとなるように、テーマ別のイベントを市内で開催。会場は市内の飲食店を利用し、地域の「人」と「場所」を知るきっかけを作った。予定調和なイベントではなく、「行ってみたくなる」「広めたくなる」今の時代に合ったイベントを目指す。

前年度の課題

・企画の人気に偏りがあり、定員割れしてしまうイベントもいくつかあった。
・当日のキャンセルが出た場合や、キャンセル待ちへの対応が不十分であった。
・各イベント会場の状況を把握できていなかった。
・野外イベントでは雨天時の対策も不十分であった。
・各課によって、告知デザインのクオリティに差があった。

前年度の参加者アンケートより

趣味の合う人と知り合い、SNSで交流するようになった。(50代・女性)

ママ友以外に、ランチに誘える友人ができた。趣味が合うので話が尽きない。(30代・女性)

女性ばかりかと思ったが、夫婦で参加できて楽しかった。(30代・男性)

平日の昼間は参加できないので、土日のイベントは嬉しい。(40代・男性)

企画提案のプレゼン資料。とりあえず言いたいことは全部盛り込んだので、自信満々に提出したら「**ゴチャゴチャしてわかりにくい**」と返されてしまいました。こんなに書いたのに、なぜわかってもらえないんでしょうか…。

地域活性化事業 企画提案書

企画の趣旨

・近隣住民同士の**つながりが希薄**となっている
・趣味嗜好の似た住民同士がつながる**テーマ別イベント**
・市内の**飲食店を会場**とする
・予定調和ではなく「行きたい」と思える**ユニークな企画**

地域の「人」と「場所」に出会えるイベント

地域活性化事業 企画提案書

前年度 参加者の声

 趣味の合う人と知り合い、**SNSで交流**するようになった。（50代・女性）

 女性ばかりかと思ったが、**夫婦で参加**できて楽しかった。（30代・男性）

 ママ友以外に、ランチに誘える友人ができた。趣味が合うので話が尽きない。（30代・女性）

 平日の昼間は参加できないので、**土日のイベントは嬉しい**。（40代・男性）

地域での新しいつながりが生まれている

プレゼン資料は、話の内容を補助する資料です。今何について話しているのか聞き手が集中できるように、なるべく無駄を省き、**要点を理解しやすいデザイン**にすることが、記憶に残るプレゼンにつながります。

どこが改善されたか、わかりますか？

△BEFORE

1枚に全トピックを
詰め込んでいる

長文で説明している

地域活性化事業 企画提案書

企画の趣旨

町内会への参加率の低下など、近隣住民同士のつながりが希薄となっている昨今、行政主導の地域活性化イベントが求められている。趣味嗜好の似た住民同士がつながるきっかけとなるように、テーマ別のイベントを市内で開催。会場は市内の飲食店を利用し、地域の「人」と「場所」を知るきっかけを作った。予定調和なイベントではなく、「行ってみたくなる」「広めたくなる」今の時代に合ったイベントを目指す。

前年度の課題

・企画の人気に偏りがあり、定員割れしてしまうイベントもいくつかあった。
・当日のキャンセルが出た場合や、キャンセル待ちへの対応が不十分であった。
・各イベント会場の状況を把握できていなかった。
・野外イベントでは雨天時の対策も不十分であった。
・各課によって、告知デザインのクオリティに差があった。

前年度の参加者アンケートより

趣味の合う人と知り合い、SNSで交流するようになった。（50代・女性）

ママ友以外に、ランチに誘える友人ができた。趣味が合うので話が尽きない。（30代・女性）

女性ばかりかと思ったが、夫婦で参加できて楽しかった。（30代・男性）

平日の昼間は参加できないので、土日のイベントは嬉しい。（40代・男性）

バラバラのレイアウト

色数が多い

わかりにくさの原因は大きく二つ。ひとつは、**1枚でたくさんのことを言いすぎている**こと。もうひとつは、各エリアごとの**文字量が多すぎる**ことです。聞き手にストレスを与えないように、必要最低限の情報量で簡潔に構成し直す必要があります。

1枚1トピックで分割している

地域活性化事業 企画提案書

企画の趣旨

短文で説明している

- 近隣住民同士の**つながりが希薄**となっている
- 趣味嗜好の似た住民同士がつながる**テーマ別イベント**
- 市内の**飲食店を会場**とする
- 予定調和ではなく「行きたい」と思える**ユニークな企画**

地域の「人」と「場所」に出会えるイベント

地域活性化事業 企画提案書

前年度 参加者の声

色数が少ない

 趣味の合う人と知り合い、**SNS で交流するように**なった。(50 代・女性)

 女性ばかりかと思ったが、**夫婦で参加できて楽し**かった。(30 代・男性)

 ママ友以外に、ランチに誘える友人ができた。趣味が合うので話が尽きない。（女性）

 平日の昼間は参加できないので、**土日のイベントは嬉しい**。(40 代・男性)

整列されたレイアウト

地域での新しいつながりが生まれている

そこでまずは、トピックごとに**スライドを分割**し、話す順番で再構成しました。各スライド内は、ゴチャゴチャの原因となる**囲み線や多色使いを見直し**、プレゼンに集中できるスライドにアップデートしました。

次ページから、ポイントを解説！→

しっかり理解してもらうために
1スライド＝1トピックにしよう

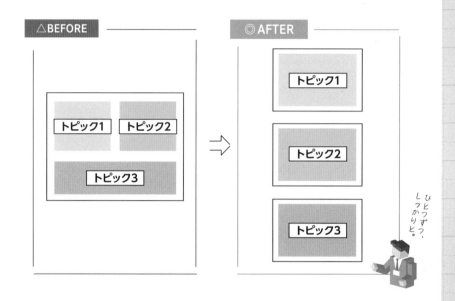

つい1枚のスライドに複数のトピックをまとめてしまいがちですが、情報量が増えるほど、聞き手にはわかりにくい資料になります。

△BEFORE の構成だと、**複数のトピックが同時に視界に入る**ため、あるトピックを説明している間もその他のことが気になり、話に集中できなくなってしまうことが懸念されます。

◎AFTER のようにトピックごとにスライドを分割し、**説明に必要な情報だけで構成する**と、聞き手の集中力を妨げることなくプレゼンできます。トピックごとにページ分けすることで、プレゼン時だけでなく、**配布物としても読み手に伝わりやすい**資料になります。

限られた時間で要点を伝えるために
短文で説明しよう

△BEFORE

町内会への参加率の低下など、近隣住民同士のつながりが希薄となっている昨今、行政主導の地域活性化イベントが求められている。趣味嗜好の似た住民同士がつながるきっかけとなるように、テーマ別のイベントを市内で開催。会場は市内の飲食店を利用する。

◎AFTER

・近隣住民同士のつながりが希薄となっている

・趣味嗜好の似た住民同士がつながるテーマ別イベント

・市内の飲食店を会場とする

書いてある文章をそのまま読めばよいから…と、スライドを台本代わりにするのはNGです。

聞き手は限られた時間で要点を理解したいため、△BEFOREのように、小さな文字で書かれた長文を読ませることはストレスを与えます。

◎AFTERのように、話の順番で**要点を1行ずつリスト化する**ことで、聞き手はパッと要点を把握できるため、話に集中することができます。

カットした文言はPowerPointの「**ノート機能**」などにまとめてトークで補足すると、スマートなプレゼンになります。

バラバラでだらしない印象を与えないように

余白をはさんで整列させよう

△BEFORE

◎AFTER

 趣味の合う人と知り合い、**SNS で交流**するようになった。(50 代・女性)

 女性ばかりかと思ったが、**夫婦で参加**できて楽しかった。(30 代・男性)

 ママ友以外に、ランチに誘える友人ができた。趣味が合うので話が尽きない。(30 代・女性)

 平日の昼間は参加できないので、**土日のイベントは嬉しい**。(40 代・男性)

囲み線で区切るレイアウトは、一見わかりやすくなりそうなテクニックですが、△BEFORE のようにあれこれ線で囲むと要素が増えてしまい、逆にゴチャゴチャしてしまいます。

◎AFTER のように、ブロックの間にたっぷりと**余白をはさみ、端を整列させる**ことで、**余白が見えない境界線**となって、スッキリ整った印象に見せてくれます。

プレゼンのように伝わるスピードを重視したい資料では、文字のダイエットだけでなく、**なるべくデザイン要素を減らしてシンプルな構成にする**ことで、聞き手の理解を深めることができます。

白黒+2色で配色しよう

文字や画像と同様に、**色自体も情報を持っている**ため、色数が増えれば増えるほど情報が増え、ゴチャゴチャして見えます。

△BEFORE では配色にルールがなく、エリアごとに色分けしようとした結果、逆に伝わりにくくなってしまっています。

スライドで使用する色は、背景+文字色（白+黒）のベースカラーの他、**テーマカラー1色**（◎AFTER の場合、青緑色）と、**アクセントカラー1色**（同、黄色）だけを設定し、それ以外の色は使わないようにしてみましょう。

アクセントカラーは、1スライドに1箇所だけ使うことで、見せたい箇所へ効果的に視線を誘導できます。

私たちについて

地域に、子どもたちの居場所を。

子どもたちを支えることは、未来を支えること。私たちは、地域の子どもたちと、そのお母さんの居場所づくりを目的に活動しています。
放課後みんなで集まれる、駄菓子屋を。みんなで育てた畑の野菜を一緒に食べる、地域食堂を。学校に登校しない子どもたちに、公立学校と連携したフリースクールを。
出来ないと言われても、小さな信頼を積み重ね、一つずつ実現してきました。活動を支えてくださっているのは、私たちを応援してくださる地域サポーターの皆さんです。

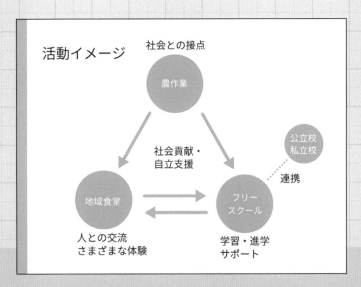

活動イメージ

社会との接点

農作業

社会貢献・
自立支援

公立校
私立校

連携

地域食堂

フリー
スクール

人との交流
さまざまな体験

学習・進学
サポート

1スライドに1メッセージに整理できたけれど、**文字だらけで読む気がしない**と指摘されました。自分たちの活動やポリシーを伝えるためにどうしても文章量が必要で…。どうしたらもっと伝わりやすくなりますか?

伝わるスピード をUPDATE！

私たちについて

地域に、子どもたちの居場所を。

子どもたちを支えることは、未来を支えること。私たちは、地域の子どもたちとそのお母さんの居場所づくりのために、地域のサポーターの皆さんと活動しています。

駄菓子屋

地域食堂

フリースクール

活動イメージ

社会との接点

農作業

社会貢献・自立支援

公立校
私立校

連携

地域食堂

フリースクール

人との交流
さまざまな体験

学習・進学
サポート

自分たちのことを説明する時、つい熱量を長文に乗せてしまいがちですが、**文字だけで伝えようとすると、聞き手が理解するまで時間がかかってしまいます。**適宜画像を組み合わせて、伝わるスピードを改善しましょう。

どこが改善されたか、わかりますか？

メリハリのない あしらい

私たちについて

地域に、子どもたちの居場所を。

子どもたちを支えることは、未来を支えること。私たちは、地域の子どもたちと、そのお母さんの居場所づくりを目的に活動しています。
放課後みんなで集まれる、駄菓子屋を。みんなで育てた畑の野菜を一緒に食べる、地域食堂を。学校に登校しない子どもたちに、公立学校と連携したフリースクールを。
出来ないと言われても、小さな信頼を積み重ね、一つずつ〜〜ました。活動を支えてくださっているのは、私〜〜護してくださる地域サポーターの皆さんです。

伝わりにくい長文

文章を読ませる

文字だけの図解

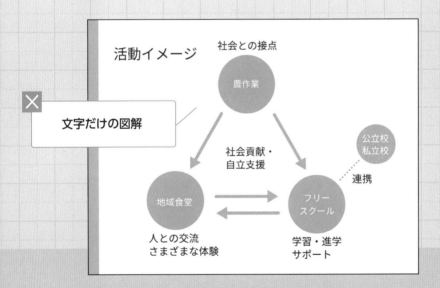

余白があって読みやすいのですが、文字を読んで内容を理解しなければならないので、**パッと情報が伝わりにくい状態**です。プレゼンは短時間勝負ですので、なるべく文字だけではなく、図や画像などに置き換えられる箇所がないか探してみましょう。

メリハリのある
あしらい

私たちについて

地域に、子どもたちの居場所を。

子どもたちを支えることは、未来を支えること。私たちは、地域
の子どもたちとそのお母さんの居場所づくりのために、地域サ
ポーターの皆さんと活動しています。

伝わりやすい写真

駄菓子屋

地域食堂

フリー
スクール

キーワードを見せる

アイコンを使った図解

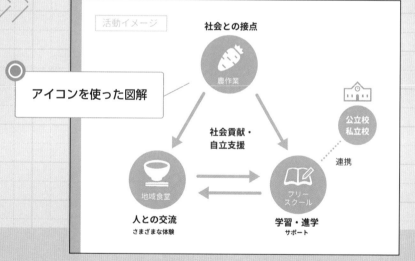

活動イメージ

社会との接点

農作業

公立校
私立校

連携

社会貢献・
自立支援

地域食堂

フリー
スクール

人との交流
さまざまな体験

学習・進学
サポート

文字のサイズや太さにメリハリをつけ、画像やアイコンを使っ
てリメイクしました。**大きな見出しや画像がアイキャッチに
なり**、グッと見やすく、読み手が理解しやすいスライドに
なります。

次ページから、ポイントを解説！

113

要点をつかみやすくするために
デザインに変化をつけよう

△BEFORE

私たちについて

地域に、子どもたちの居場所を。

子どもたちを支えることは、未来を支えること。私たちは、
地域の子どもたちと、そのお母さんの居場所づくりを目的
に活動しています。

◎AFTER

私たちについて

地域に、子どもたちの居場所を。

子どもたちを支えることは、未来を支えること。私たちは、地域
の子どもたちとそのお母さんの居場所づくりのために、地域のサ
ポーターの皆さんと活動しています。

メッセージが伝わりやすい！

文字が主体となるスライドの場合でも、△BEFORE のように文字の
デザインに変化がないと、要点がつかみにくくなります。

◎AFTER のように、タイトル、キャッチコピー、本文、それぞれの
デザインに変化をつけることで、まず**一番目立つ文字に目がとまる**
ようになり、直感的に要点が伝わります。

ここで個性的なフォントを使ったり、立体加工や装飾で目立たせよ
うとするとあか抜けない印象になるので注意。作例のように、**色、
太さ、サイズを変える**だけで十分変化がつけられます。

写真やイラストに置き換えよう

> 放課後みんなで集まれる、駄菓子屋を。みんなで育てた畑の野菜を一緒に食べる、地域食堂を。学校に登校しない子どもたちに、公立学校と連携したフリースクールを。

◎AFTER

駄菓子屋　　地域食堂　　フリースクール

△BEFORE のように文章で説明すると、そこを読むまで内容が伝わりません。長文で伝わりにくいと感じたら、**文中に写真やイラストに置き換えられる部分がないか**を探してみましょう。

◎AFTER のように要点をイメージに置き換えることで、**画像がパッと目にとまり、** 文章よりも速く伝えることができます。

また、「顔は覚えているのに名前が思い出せない…」ということがよくあるように、**画像は文字よりも記憶に残りやすい**ものです。これを活かすことで、印象に残るプレゼンにできます。

ただし、画像の使いすぎは情報量が増えるのでNG。**1スライド3枚以内を目安に**配置しましょう。

特長を直感的に伝えるために
キーワードを並べよう

△BEFORE

> 放課後みんなで集まれる、駄菓子屋を。みんなで育てた畑の野菜を一緒に食べる、地域食堂を。学校に登校しない子どもたちに、公立学校と連携したフリースクールを。

◎AFTER

駄菓子屋　　地域食堂　　フリースクール

前項の画像に、キーワードを組み合わせてレイアウトすることで、イメージをより速く、正確に伝えることができます。

キーワード部分は、大きめの文字サイズ、白抜き文字にするなど、**本文とデザインを差別化して**、しっかり目を引くように意識しましょう。

レイアウトする際は、◎AFTER のように各ブロックの**デザインを統一させる**のが美しく見えるコツです。

それらを**等間隔に配置し、端を整列**させることで、資料からもきちんとした印象を与えることができます。

わかりやすい図表にしたいなら
単色アイコンを活用しよう

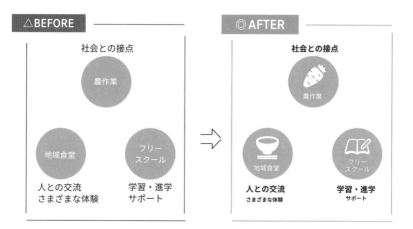

相関図などでは、△BEFORE のように文字だけで構成するよりも、◎AFTER のように画像を添えることで内容をイメージしやすくなります。

ただし、ここで写真やイラストなど**情報量の多い画像を使うと、逆にゴチャゴチャ**するのでNG。

こうした図表に用いる画像のおすすめは、アイコンです。シンプルな形でデザインされている**アイコンは情報量が少なく**、図全体をスッキリ見せることができます。

カラーではなく単色のアイコンを使うことで、余計な色の情報を増やさずに、かつわかりやすい図に仕上げることができます。無料で商用利用できるアイコン素材サイトを活用してみましょう。

3-4. 結論がわかりにくいグラフ

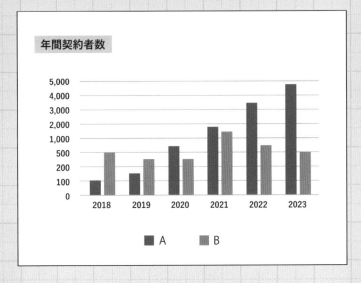

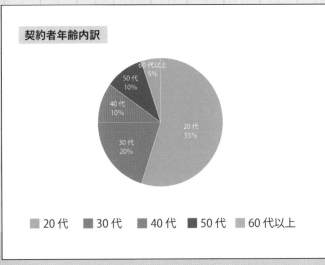

 スライドのグラフ、**実際のデータに基づいて作ったのに
わかりにくい**と言われ、どこからどう説明していいのか
わからなくなりテンパっちゃいました…。もう少しわかり
やすいグラフになりませんか?

年間契約者数

3年間で

8倍

→

地域シェア No.1

- 4,800（2023）
- 3,500（2022）
- 1,800（2021）
- 600（2020）

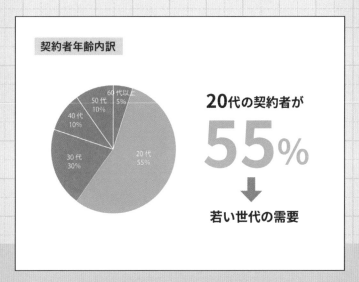

契約者年齢内訳

20代の契約者が

55%

→

若い世代の需要

- 20代 55%
- 30代 30%
- 40代 10%
- 50代 10%
- 60代以上 5%

グラフを見て「わかりにくい」と感じるのは、データか
ら**結論を読み取るまで時間がかかるから**です。データか
ら伝えたい結論を大きく添えることで、読み取りやすさ
をアップデートしました。

どこが改善されたか、わかりますか？

119

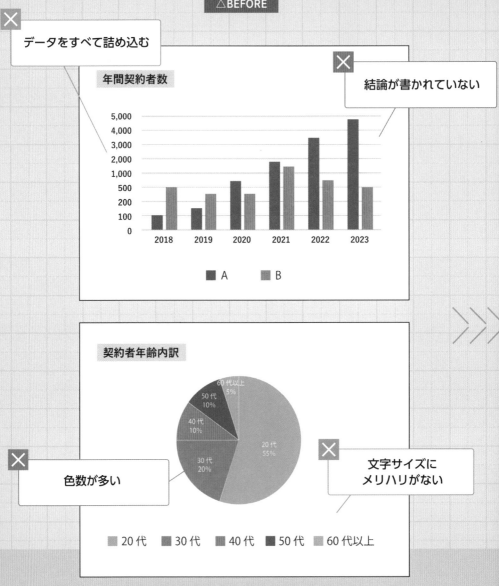

既存のデータをそのままグラフにしている状態です。この状態では、最後まで説明を聞くか、自分でグラフを読み解くまで結論がわからないので、聞き手にストレスを与えてしまいます。

説明に必要なデータ
だけにしぼる

結論が書かれている

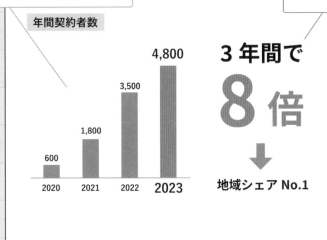

年間契約者数

600
1,800
3,500
4,800

2020　2021　2022　**2023**

3 年間で

8 倍

↓

地域シェア No.1

文字サイズに
メリハリがある

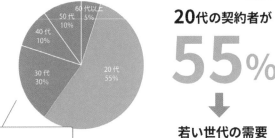

契約者年齢内訳

60代以上
5%
50代
10%
40代
10%
30代
30%
20代
55%

20代の契約者が

55%

↓

若い世代の需要

グレー＋1色で配色

そこで、グラフ上にあった不要な情報はカットし、配色も
シンプルに。グラフの横に伝えたいことを大きくレイアウ
トし、結論を読み取りやすいデザインにしました。**先にパッ
と結論が伝わる**ので、聞き手もプレゼンに集中できます。

次ページから、ポイントを解説！ →

メッセージをシンプルにするために
不要なデータをカットしよう

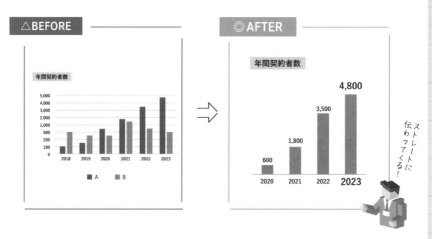

グラフの正確性が重要とされる場合には、どのデータも漏れなく記載する必要があります。しかし多くの場合、**プレゼンで優先されるのは短時間で要点を伝えること**です。

△BEFORE のように、情報量の多いデータをそのままグラフにしてしまうと、**不要なデータが邪魔をして**、このグラフから何を言おうとしているのかを読み取るまでに時間がかかってしまいます。

そこで◎AFTER では、「Aの契約数が3年間でこれだけ増えた」ということを**説明するのに必要なデータだけで構成し**、その他の不要なデータ、数字、凡例などはカットしました。

シンプルな構成にすることでグラフを大きく載せられ、聞き手は直感的に結論を読み取ることができます。

余計な色の情報を削ぎ落とすために
無彩色+1色で配色しよう

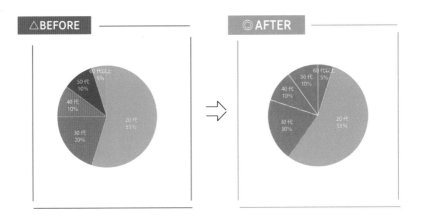

結論をパッと伝えるために、**グラフの配色はグレーをベース**にし、目立たせたい箇所にだけ色を使うと、効果的に強調されます。

△BEFOREのように、色分けするために何色も使うと、情報量が増えゴチャゴチャに見えてしまいます。また、オレンジや黄色など、相対的に目立つ色に目がいくので、伝えたい結論もわかりにくくなってしまいます。

◎AFTERでは、このグラフから**最も伝えたい部分にだけテーマカラー**を使って目立たせています。

スライド上で使うテーマカラーを1色決め、その他は無彩色（白・黒・グレー）で着色するというルールで配色することで、スライド全体に統一感が出ます。

聞き手がプレゼンに集中するために
グラフの横に結論を大きく書こう

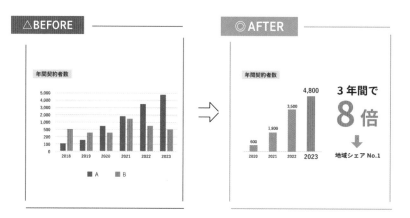

△ BEFORE のように、グラフだけを見せながら口頭説明するスタイルは、聞き手がグラフを読み解こうとしながら話を聞くことになり、結論が伝わるまで時間がかかってしまいます。

◎ AFTER では、シンプルになったグラフの横に、最も伝えたい結論を大きく添えています。こうすることで、**聞き手は先に結論を知ることができる**ので、その後のプレゼンに集中できます。

聞き手にパッと目にとめてもらえるように、添える結論は**長文ではなく、短い言葉で大きく書く**と効果的です。

グラフと結論をセットでレイアウトすることで、聞き手に要点が伝わりやすくなるだけでなく、**プレゼンもしやすくなります。**

しっかり結論に目をとめてもらうために
重要な数字を大きくしよう

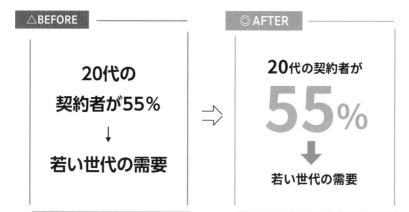

△ BEFORE のように、グラフの横に添える結論がすべて同じ大きさで書かれていると、聞き手は頭から文字を読んで内容を把握しようとするため、理解するまでに時間がかかります。

◎ AFTER のように、**重要な数字を思い切り大きくする**ことで、しっかりと結論に目がとまるようになります。これは、**グラフ内の数字にも効果的**なテクニックです。

また、「%」などの**単位は数字よりもグッと小さくしてみましょう**。文字サイズにメリハリがつくことで、数字が読み取りやすくなります。**単位の文字サイズは、数字の半分くらい**が目安です。

「おかたいスライド」 確認テスト

問1 どんな内容にも使いやすいテンプレートはどんなデザインか。
次の4つの中から1つ選びなさい。

A. 斬新なデザイン　　　　　　　B. 流行のデザイン

C. シンプルなデザイン　　　　　D. 可愛らしいデザイン

_____　　ヒント→P.98

問2 信頼感を与えるためには、フォント選びは何を優先させるべきか。

A. かっこよさ　　　　　　　　　B. 読みやすさ

C. 親しみやすさ　　　　　　　　D. 今っぽさ

_____　　ヒント→P.99

問3 わかりやすいプレゼンのためには、1枚のスライドに掲載する
トピックの数はいくつが最適か。

A. 1つ　　　　　　　　　　　　B. 2つ

C. 3つ　　　　　　　　　　　　D. 5つ以内

_____　　ヒント→P.106

問4 内容を目立たせたい場所だけに使用する色をなんと言うか。
次の4つの中から1つ選びなさい。

A. ドミナントカラー　　　　　　B. グラデーションカラー

C. セパレートカラー　　　　　　D. アクセントカラー

_____　　ヒント→P.109

126 第3章 おかたいスライド

問5　文字中心のスライドで、要点を伝わりやすくする工夫はどれか。
　　　次の4つの中から1つ選びなさい。

A.　すべて同じ文字サイズに揃える　　B.　要点をすべて赤字にする
C.　デザインに変化をつける　　　　　D.　要点をすべて四角で囲む

ヒント→P.114

問6　次の4つの中から、最も情報量が少ない画像を1つ選びなさい。

A.　写真　　　　　　　　　　　　　　B.　アイコン
C.　イラスト　　　　　　　　　　　　D.　どれも情報量は同じ

ヒント→P.117

問7　グラフをわかりやすく説明する工夫として適当なものを
　　　次の4つの中から1つ選びなさい。

A.　なるべく多くのデータを使う　　　B.　凡例を大きく見せる
C.　数字は目立つ色にする　　　　　　D.　不要なデータをカットする

ヒント→P.122

問8　グラフの要点が伝わりやすくなる配色は
　　　次の4つのうちどれか。

A.　無彩色+1色　　　　　　　　　　B.　無彩色+3色
C.　有彩色+1色　　　　　　　　　　D.　有彩色+3色

ヒント→P.123

「おかたいスライド」確認テスト　解答

問1 C　　　問2 B　　　問3 A　　　問4 D

問5 C　　　問6 B　　　問7 D　　　問8 A

第 4 章

おかたいリーフレット

1枚の紙を折って作るリーフレット。チラシと比べて、表紙、中面、裏表紙と、見せる順番を誘導しやすく、面ごとに情報を整理できるのが特長です。また、コンパクトサイズで持ち運びやすく、名刺代わりに渡すことも多い媒体です。「はじめまして」でいい印象を与えられるデザインにアップデートしましょう。

地域の皆様に愛されて 10 年

英会話教室
GARDEN

**ビジネス英語を
伸ばしたい方に！
初心者も歓迎！**

**ネイティブ講師と
日本人講師の
ダブルサポート！**

**ZOOM を使った
オンラインでも
レッスン可能！**

**きょうだい割、
家族割でお得な
レッスン料！**

お気軽にお電話ください！

電話 01-2345-6789

郊外で英会話教室を経営しています。**表紙って一番
見られるから、ここでうちのことが全部伝わってほし
い**と思って、こんな構成にしてみたんですが、あまり
手に取ってもらえないようで…なぜですか!?

ビジネス英語に強くなる！

大人の英会話教室

GARDEN

初心者にやさしい教室

オンラインレッスン対応

体験無料 英会話教室ガーデン
01-2345-6789

リーフレットは大きな名刺のようなもの。初めてこの教室を知る人のために、まず表紙では、**一番の特色を伝えて興味を引くこと**が大切です。パッと目にとまり、いい印象のするデザインを意識しましょう。

どこが改善されたか、わかりますか？

131

強みがわかりにくい

素人感がする

地域の皆様に愛されて 10 年

英会話教室 GARDEN

ビジネス英語を
伸ばしたい方に！
初心者も歓迎！

ネイティブ講師と
日本人講師の
ダブルサポート！

多すぎる情報量

ZOOM を使った
オンラインでも
レッスン可能！

きょうだい割、
家族割でお得な
レッスン料！

ルールのない配色

お気軽にお電話ください！

電話 01-2345-6789

表紙に情報を詰め込みすぎるのは、**初めて会う人にいきなり
長話をしてしまうような**ものです。ゴチャゴチャとまとまりのな
い印象になり、教室の特長が伝わりにくくなってしまいます。

強みがわかりやすい

◎ AFTER

ビジネス英語に強くなる！

大人の英会話教室

GARDEN

きちんと感がする

最低限の情報量

テーマカラーでの配色

初心者にやさしい教室

オンラインレッスン対応

体験
無料

英会話教室ガーデン

01-2345-6789

次ページから、ポイントを解説！

できるだけ文字は省き、読み手の興味を引くような**訴求力の高いキーワード**にしぼって構成しました。こうすることで、印象のいいデザインを壊さず、特長をしっかり伝えることができます。

読み手の興味を引くために
コピーで強みをアピールしよう

△BEFORE

地域の皆様に愛されて10年
英会話教室

◎AFTER

ビジネス英語に強くなる！
大人の英会話教室

リーフレットを手にした瞬間、大きく目に入ってくる**キャッチコピーは、読み手の興味を引くために重要**な要素です。

△BEFORE のように、**主語が書き手になっているコピーは共感されません**。この作例の場合、読み手はまず教室の歴史よりも、他の教室にはない「強み」を知りたいはずです。

◎AFTER のように、「強み」がストレートに書かれていると、読み手の興味をグッとひくことができます。

「どなたでも大歓迎」「いろいろできます」は、ターゲットが定まっていないため訴求力が弱くなってしまいます。できるだけ強みをはっきりさせて、届けたい相手の目に触れるようにしましょう。

きちんと感を出したいなら
画像のクオリティにこだわろう

 △BEFORE

◎ AFTER

表紙はリーフレットの顔。そこに**使う画像のイメージで第一印象が決まる**と言っても過言ではありません。マイナスイメージを与えないためには、できるだけ印象の良い画像を選ぶ必要があります。

自前で撮影したりイラストを描いたりすることに限界を感じたら、プロが撮影した写真や、イラストレーターによるイラスト素材などがダウンロードできる**著作権フリー素材サイト**を活用してみましょう。

無料で使える素材もありますが、使用制限がある場合もあります。有料でも、1点数百円からとリーズナブルに利用できるサイトもあるので、検索してみましょう。

◎ AFTERで使っているイラストは「**イラストAC**」から使用しています。トレンドをおさえた質の高い素材が多く、おすすめです。

読み手の興味を引くために
最低限の情報にしぼろう

△BEFORE

- ・ビジネス英語を伸ばしたい方に！　初心者も歓迎！
- ・ネイティブ講師と日本人講師のダブルサポート！
- ・ZOOMを使ったオンラインでもレッスン可能！
- ・きょうだい割、家族割でお得なレッスン料！

◎AFTER

- ・ビジネス英語に強くなる！
- ・初心者にやさしい教室
- ・オンラインレッスン対応

△BEFORE のように表紙にすべての情報を網羅すると、長文の中に要点が埋もれ、特長が伝わりにくくなってしまいます。

◎AFTER では、**興味を引くキーワードだけ**にしぼり、短文で伝えています。文字数を最低限に抑えることで、要点を簡潔に伝えられるだけでなく、紙面に余裕が生まれ、よりインパクトのあるレイアウトを考えることができます。

できるだけ**表紙は短い言葉で興味を引くことに集中**し、詳細は中面でわかりやすくアピールするのが、理想的なリーフレットの流れです。

テーマカラーを決めよう

△BEFORE

◎AFTER

「にぎやかな雰囲気にしたいから」と、△BEFORE のようにルールを決めずに配色すると、**複数の色のイメージがぶつかりあい**、ゴチャゴチャして見えてしまいます。

配色する前に、このリーフレットのテーマカラーを1色決めましょう。◎AFTER の場合、「ビジネス」というキーワードから連想して、「青」をベースにしています。**まずは、白＋黒＋テーマカラーの濃淡だけ**を使うというルールで着色してみましょう。

次に、ベースカラーの中で**相対的に目立つ色をアクセントカラー**（作例の場合「黄色」）にします。アクセントカラーを使ったところにパッと目がいくようになり、視線をコントロールできます。

4-2. 魅力が伝わらない中面

英会話教室 GARDEN へようこそ

ビジネス英語の上達に特化した教室です。ビギナーから上級まで、レベル別のグループレッスンで、生きたビジネス英会話を学べます。

ネイティブの外国人講師と日本人講師のWサポートで、わからない！を取り残すことなくレッスンを進めていきます。

代表メッセージ

インバウンドの本格的な回復に向けて、日本でのグローバル化はますます進んでいます。ビジネスに特化した英語を身につけることで、生きた英語をお商売に役立てていただければ嬉しいです。

ビギナークラス

中学英語が難しく感じる方におすすめのクラスです。難しい構文などの前に、まずは英語を聞くこと、話すことになれていきます。

1回 3,000円（税込）/ 30分

中級者クラス

英検準2級レベルからのスタートです。文法や単語の基礎は身についているけれど、会話になると言葉が出てこない…という方におすすめ。

1回 4,000円（税込）/ 45分

上級者クラス

日常会話は問題なくできる方はこのクラス。ビジネスシーンで役立つ語彙や言い回しを身につけるクラスです。英語だけで進めていきます。

1回 5,000円（税込）/ 45分

個別レッスン（オンライン対応）

自分のペースで進めたい方や、英語力をキープしたい方におすすめ。オンラインで30分から気軽に受けられます。

1回 5,000円（税込）/ 30分

利用者 A さんの声

初心者なので緊張しましたが、楽しい先生方と話しやすいクラスメイトのおかげで毎週楽しく通えています。ビジネスで実践するのが楽しみです。

利用者 B さんの声

英検準2級を取得していましたが、学生時代と比べ自分の語彙力の衰えに愕然として通い始めました。わからない単語はすぐにフォローしてくれたり、質問しやすい環境で心強いです。

利用者 C さんの声

取引先に海外企業が増えてきたので、翻訳ではなく自分でしっかり理解したくて習い始めましたがわかるようになってきました。ビジネス特有の言い回しなども教えてもらえるのでためになります。

リーフレットの中面、**必要な情報ごとに分けてみたんで**すが、果たしてこれで正解なのか謎…。教室の良さがちゃんと伝わっていないような気がしています。これでいいんでしょうか？

読み手目線 にUPDATE！

ビジネス英語なら
英会話教室 GARDEN

外国人講師と日本人講師のWサポート！
ビジネス英語の上達に特化した教室です。ビギナーから
上級まで、レベル別のグループレッスンで、生きたビジ
ネス英会話を学べます。

上級者 CLASS
日常会話が理解できる方

日常会話が不自由なく理解でき
る方はこのクラス。ビジネスシー
ンで役立つ語彙や言い回しを身
につけるクラスです。英語だけ
で進めていきます。

1回 5,000円(税込)/45分

ビジネスの語彙が
どんどん増える！

取引先に海外企業が増えてき
たので、自分でしっかり理解
したくて習い始めました。ビ
ジネス特有の言い回しなども
教えてもらえるのでためにな
ります。

中級者 CLASS
英検準2級レベルの方

英検準2級レベルからのスタート。
文法や単語の基礎は身についてい
るけれど、会話になると言葉が出
てこない…という方におすすめ。

1回 4,000円(税込)/45分

わからないことを
聞きやすい！

学生時代と比べ自分の語彙力
の衰えに愕然としましたが、
わからない単語はすぐにフォ
ローしてくれたり、質問しや
すい雰囲気でありがたいです。

ビギナー CLASS
中学英語が難しく感じる方

中学英語が難しく感じる方におす
すめのクラス。難しい構文などの前に、まずは英語を聞くこと、
話すことになれていきます。

1回 3,000円(税込)/30分

明るく楽しい先生！

初め緊張しましたが、楽しい
先生方と話しやすいクラスメ
イトのおかげで毎週楽しく通
えています。職場で実践でき
る日が待ち遠しいです。

オンライン個別レッスン
自分のペースで進めたい方や、英語力をキー
プしたい方におすすめ。オンラインで30分
から気軽に受けられます。

15年の講師実績
アメリカカリフォルニア州出身。翔泳
大学日本語学科修了後、大手語学学校
の講師を15年間つとめたのち独立。

リーフレットの中面は、表紙を見て興味がわき、手に取っ
てもらった人に見てもらえるものです。せっかく開いて
もらったチャンスを逃さないように、**読み手目線に立っ
た構成やデザイン、言葉選びにアップデートしましょう。**

どこが改善されたか、わかりますか？

139

△BEFORE

英会話教室 GARDEN へようこそ

ビジネス英語の上達に特化した教室です。ビギナーから上級まで、レベル別のグループレッスンで、生きたビジネス英会話を学べます。

ネイティブの外国人講師と日本人講師のWサポートで、わからない！を取り残すことなくレッスンを進めていきます。

代表メッセージ

インバウンドの本格的な回復に向けて、日本でのグローバル化はますます進んでいます。ビジネスに特化した英語を身につけることで、生きた英語をお商売に役立てていただければ嬉しいです。

ビギナークラス

中学英語が難しく感じる方におすすめのクラスです。難しい構文などの前に、まずは英語を聞くこと、話すことになれていきます。

1回 3,000円（税込）/ 30分

中級者クラス

英検準2級レベルからのスタートです。文法や単語の基礎は身についているけれど、会話になると言葉が出てこない…という方におすすめ。

1回 4,000円（税込）/ 45分

上級者クラス

日常会話は問題なくできる方はこのクラス。ビジネスシーンで役立つ語彙や言い回しを身につけるクラスです。英語だけで進めていきます。

1回 5,000円（税込）/ 45分

個別レッスン（オンライン対応）

自分のペースで進めたい方や、英語力をキープしたい方におすすめ。オンラインで30分から気軽に受けられます。

1回 5,000円（税込）/ 30分

利用者 A さんの声

初心者なので緊張しましたが、楽しい先生方と話しやすいクラスメイトのおかげで毎週楽しく通えています。ビジネスで実践するのが楽しみです。

利用者 B さんの声

英検準2級を取得していましたが、学生時代と比べ自分の語彙力の衰えに愕然として通い始めました。わからない単語はすぐにフォローしてくれたり、質問しやすい環境で心強いです。

利用者 C さんの声

取引先に海外企業が増えてきたので、翻訳ではなく自分でしっかり理解したくて習い始めましたがわかるようになってきました。ビジネス特有の言い回しなども教えてもらえるのでためになります。

商品やサービスの良さが伝わりにくい一因は、構成のわかりにくさ。自分目線の「**載せることベース**」で構成されているため、情報が散在しています。また、**大事なアピールポイントが本文にまぎれている**ので、読み手の知りたい情報が見つけにくくなっています。

知りたいことベース
の構成

◎ AFTER

見出しでPRしている

ビジネス英語なら
英会話教室 GARDEN

外国人講師と日本人講師のWサポート！
ビジネス英語の上達に特化した教室です。ビギナーから
上級まで、レベル別のグループレッスンで、生きたビジ
ネス英会話を学べます。

中級者 CLASS
英検準2級レベルの方

英検準2級レベルからのスタート。
文法や単語の基礎は身についてい
るけれど、会話になると言葉が出
てこない…という方におすすめ。

1回 4,000円（税込）/45分

**わからないことを
聞きやすい！**

学生時代と比べ自分の語彙力
の衰えに愕然としましたが、
わからない単語はすぐにフォ
ローしてくれたり、質問しや
すい雰囲気でありがたいです。

上級者 CLASS
日常会話が理解できる方

日常会話が不自由なく理解でき
る方はこのクラス。ビジネスシー
ンで役立つ語彙や言い回しを身
につけるクラスです。英語だけ
で進めていきます。

1回 5,000円（税込）/45分

**ビジネスの語彙が
どんどん増える！**

取引先に海外企業が増えてき
たので、自分でしっかり理解
したくて習い始めました。ビ
ジネス特有の言い回しなども
教えてもらえるのでためにな
ります。

ビギナー CLASS
中学英語が難しく感じる方

中学英語が難しく感じる方におす
すめのクラスです。難しい構文な
どの前に、まずは英語を聞くこと、
話すことになれていきます。

1回 3,000円（税込）/30分

明るく楽しい先生！

初め緊張しましたが、楽しい
先生方と話しやすいクラスメ
イトのおかげで毎週楽しく通
えています。職場で実践でき
る日が待ち遠しいです。

オンライン個別レッスン
自分のペースで進めたい方や、英語力をキー
プしたい方におすすめ。オンラインで 30 分
から気軽に受けられます。

15 年の講師実績
アメリカカリフォルニア州出身。翔泳
大学日本語学科修了後、大手語学学校
の講師を15年間つとめたのち独立。

余白で区切っている

統一感のある配色

そこで、3クラスの説明を柱にして、そこに付帯情報を添え
る「**知りたいことベース**」の構成に見直しました。表紙で
興味を持って**リーフレットを開いた読み手の立場に立ち**、
どんなまとめ方がわかりやすいかを考えましょう。

次ページから、ポイントを解説！→

魅力をしっかり伝えるには
知りたいことベースで構成しよう

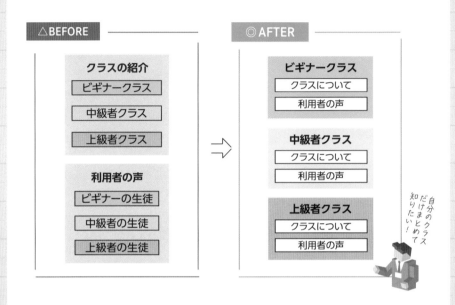

リーフレットを作り始める時、載せる情報を整理する工程は大切です。実際にレイアウトしていく時は、**出揃った情報をどう組み合わせるか、読み手目線で考えましょう。**

例えば読み手がビギナークラスを検討中の場合、△BEFORE のように「**載せたいことベース**」でレイアウトされていると、自分の知りたい情報があちこちに散在し、見つけにくくなってしまいます。

◎AFTER では、読み手が「**知りたいことベース**」で情報がまとまっているので、ビギナークラスの魅力を集中して理解できます。**読み手がどんな情報を求めているか**、想像しながら構成しましょう。

効果的に魅力を伝えるために
見出しに魅力を盛り込もう

△ BEFORE ─────────

利用者Cさんの声

取引先に海外企業が増えてきたので、翻訳ではなく自分でしっかり理解したくて習い始めましたがわかるようになってきました。ビジネス特有の言い回しなども教えてもらえるのでためになります。

◎ AFTER

ビジネスの語彙がどんどん増える！

取引先に海外企業が増えてきたので、自分でしっかり理解したくて習い始めました。ビジネス特有の言い回しなども教えてもらえるのでためになります。

あまり情報量を載せられないリーフレットでは、「**見出し」は絶好のPRチャンスの場**と言えます。せっかく本文よりも目立っているのに、そこでアピールしない手はありません。

△ BEFORE のように、特に魅力が盛り込まれていない見出しでは、本文を読むまで魅力が伝わりません。

◎ AFTER では、**本文を要約したPRポイントをそのまま見出しにして**いるので、本文を読む前に魅力が伝わり、興味を引くことができます。この作例の場合、「読み手がこのクラスを受けることで得られるメリット」を見出しに盛り込んでいます。

読み手にとって有益な情報を見出しにまとめることで、見出しがキャッチコピーとして機能してくれます。読み手の興味をグッと引くような書き方を心がけてみましょう。

スッキリとした印象を与えるために

線ではなく余白で区切ろう

△BEFORE

◎AFTER

情報の境目をわかりやすくするために、枠で囲ってブロック分けしがちですが、これがゴチャゴチャを招いてしまう一因に。**線が増えれば、その分線の周りに余白が必要になる**ため、狭い紙面には適していません。

△BEFOREではコンテンツごとに枠で囲い、背景色で区別しています。ブロック間や、ブロックと内容の間に十分な余白がなく、全体的に窮屈なイメージを与えてしまいます。

◎AFTERでは、文字量をダイエットした上、**枠ではなく余白で区切る**ことで、スッキリした印象を与えています。

紙面に統一感を出すために
テーマカラーの近似色を使おう

△BEFORE

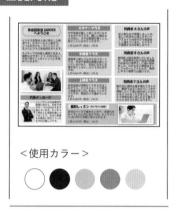

<使用カラー>

◎AFTER

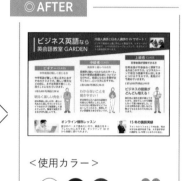

<使用カラー>

色を使って情報を区別させたい場合は、そのリーフレットの**テーマカラーを決めて、その濃淡や近似色を使う**ようにしてみましょう。

△BEFOREではテーマカラーが特に決められておらず、色別に区分けしている状態です。青と黄色など、かけ離れた色を広い面積で使うと、統一感がなく散漫なイメージになってしまいます。

◎AFTERでは、ビジネス系のデザインによく用いられる青をテーマカラーに設定し、その近似色で配色しています。**紙面全体にまとまりが生まれ、読み手は内容に集中できます。**

テーマカラーは、作例のようにキーワードから連想される色や、既存のコーポレートカラーと合わせるのがおすすめです。

英語が上達する5つのコツ！

1. ボキャブラリーを増やす！
2. 音読でリズムをおぼえる！
3. スマホに話しかける！
4. シャドーイングする！
5. たくさん英語を聞く！

体験のお申し込みは…
英会話教室ガーデン
〒000-0000 翔泳市翔泳町 221
電話：01-2345-6789
メール：garden@eikaiwa.xxx
営業時間：9:00〜20:00
定休日：火曜日
HP：https://garden.xxx/

裏面には、見ている人のやる気を引き出すために、ちょっとしたトリビアを入れてみました。地図も住所もHPのアドレスも入れてバッチリ！…のはずが、**あまりお問い合わせが来ません**…どうして？

Q&A

●まったくの初心者なので心配です…

超ビギナークラスもご用意していますのでご安心ください。一度無料体験でご相談ください。

●土日のクラスもありますか？

ビジネスパーソンを対象としていますので、土日のレッスンを多く設けています。ご予約は 24 時間 WEB で受け付けています。

●キャンセルの振替はできますか？

前日までのキャンセルであれば、2 週間以内で振替予約が可能です。急なお仕事が入っても安心です。

体験
お申込は

英会話教室ガーデン
01-2345-6789

WEB で受付中

営業時間：9:00〜20:00
定休日：火曜日
メール：garden@eikaiwa.xxx

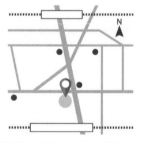

翔泳駅より徒歩 3 分　近隣 P あり
〒000-0000 翔泳市翔泳町 221

最後に読まれることの多い**裏面は、リーフレットの出口**と言えます。表紙、中面の後に読まれることを前提に、次のアクションを起こすために必要な情報を用意し、**ゴールをわかりやすくデザイン**し直しました。

どこが改善されたか、わかりますか？

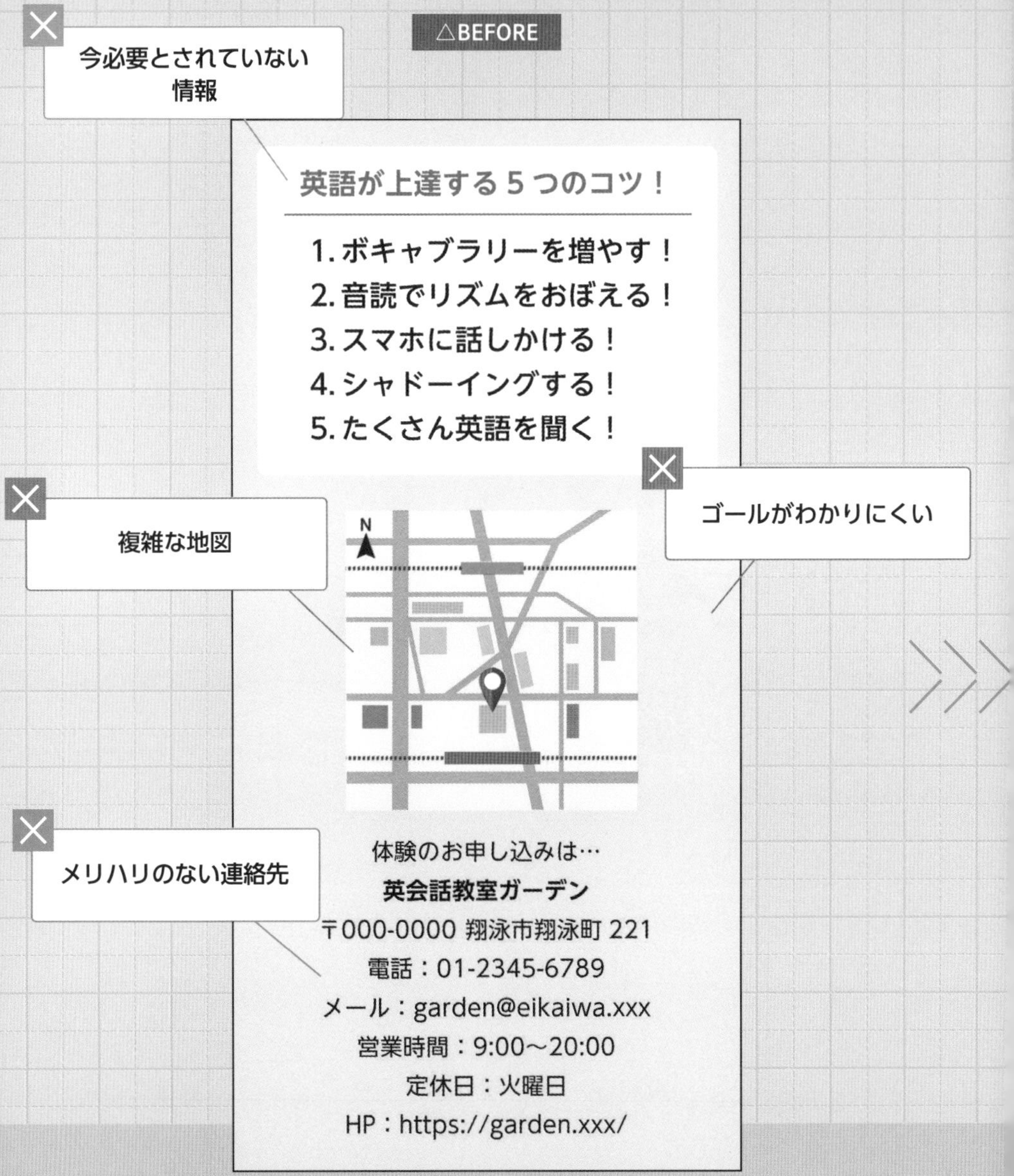

△BEFORE

今必要とされていない
情報

英語が上達する5つのコツ！

1. ボキャブラリーを増やす！
2. 音読でリズムをおぼえる！
3. スマホに話しかける！
4. シャドーイングする！
5. たくさん英語を聞く！

複雑な地図

ゴールがわかりにくい

N

体験のお申し込みは…
英会話教室ガーデン
〒000-0000 翔泳市翔泳町221
電話：01-2345-6789
メール：garden@eikaiwa.xxx
営業時間：9:00〜20:00
定休日：火曜日
HP：https://garden.xxx/

メリハリのない連絡先

一見まとまって見えますが、問題点は大きく二つあります。
ひとつは、今**必要とされている情報**で構成されていないこと。
もうひとつは**ゴールのわかりにくさ**です。

◎ **AFTER**

不安を払拭してくれる情報

Q&A

●まったくの初心者なので心配です…
超ビギナークラスもご用意していますのでご安心ください。一度無料体験でご相談ください。

●土日のクラスもありますか？
ビジネスパーソンを対象としていますので、土日のレッスンを多く設けています。ご予約は 24 時間 WEB で受け付けています。

●キャンセルの振替はできますか？
前日までのキャンセルであれば、2 週間以内で振替予約が可能です。急なお仕事が入っても安心です。

ゴールがわかりやすい

体験
お申込は

英会話教室ガーデン
01-2345-6789

WEB で受付中

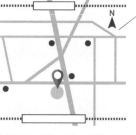

営業時間：9:00〜20:00
定休日：火曜日
メール：garden@eikaiwa.xxx

シンプルな地図

メリハリのある連絡先

N

翔泳駅より徒歩 3 分　近隣 P あり
〒000-0000 翔泳市翔泳町 221

この二つを解消するため、**構成を読み手の立場から見直し**、この作例のゴールである「体験レッスンの申し込み」をするために**必要な情報を大きく、わかりやすくデザイン**し直しました。

次ページから、ポイントを解説！

次のアクションを促すために
ゴールをわかりやすく作ろう

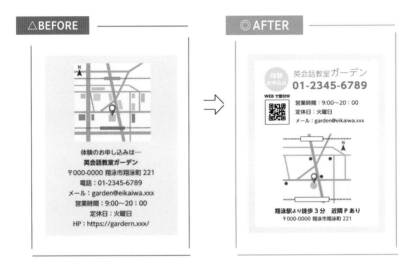

リーフレットにはそれぞれ作る目的（ゴール）があります。 この作例の場合、体験レッスンのために「問い合わせること」が大きなゴールです。最後のページには、そのゴールをわかりやすくデザインする必要があります。

△BEFORE では教室の基本的な情報をただまとめただけの状態で、問い合わせのしやすさには特に配慮されていません。

◎AFTER では、数ある項目の中から、問い合わせに必要な情報を先頭にレイアウトしています。読み手がアクションするためにまず何が必要か、**優先順位を考えてレイアウトする**ことで、わかりやすいゴールになります。

ゴールまであとひと押しするために
不安を払拭する情報を用意しよう

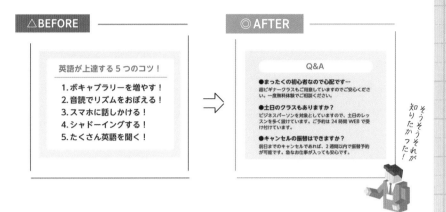

リーフレットの裏面は、**迷っている読み手に最後のひと押しができるページ**でもあります。

せっかくのチャンス、△BEFORE のように場当たり的な情報で埋めるのではなく、**読み手がその時知りたい情報**を用意しましょう。

◎AFTER では、表紙や中面を読んでもわからなかった疑問点や、不安に感じた点を解消できる内容をQ&Aとしてまとめています。これにより**読み手の不安がクリアになり**、ゴールのアクションに導きやすくなります。

「わからないことは問い合わせてくるだろう」という考えは持たず、あらかじめ予想できる疑問や不安は、リーフレットの中で先回りしてフォローしましょう。

迷わずたどり着けるように
地図はシンプルにしよう

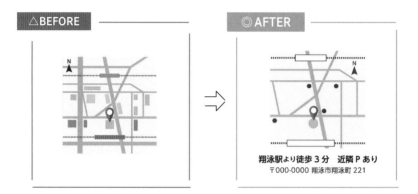

翔泳駅より徒歩3分　近隣Pあり
〒000-0000 翔泳市翔泳町221

場所を案内する**地図はなるべく簡略化**しましょう。

△BEFORE のように、目的地周辺の情報が多すぎたり、**細かく正確に書き込んだりすると、逆にわかりにくい**地図になってしまいます。

◎AFTER では、「目印となるものがここにある」ということだけに情報をしぼり、道のりをシンプルに案内しています。

作例では文字を省略していますが、目印となるものの**名称も短く簡略化**すると、情報を読み取りやすくなります。

また、住所や近隣駐車場など、アクセスに関する情報は地図の周辺にレイアウトしましょう。**読み手がこの情報を必要とするタイミングを想像して**、その時に求められる情報は?という視点で構成してみましょう。

パッと問い合わせできるように
文字サイズにメリハリをつけよう

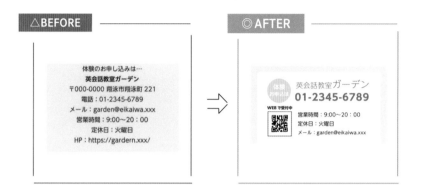

連絡先や所在地など基本的な情報は、実際に連絡を取ろうとしたタイミングに必ず探される情報です。

この時、△BEFORE のようにすべての項目が同じ文字サイズで並んでいると、そこから**欲しい情報を読み取るまで時間がかかってしまい**ます。

◎AFTER では、問い合わせに必要な電話番号とウェブサイトへの入り口を大きくデザインし、その他の基本情報は小さくデザインしています。

このように**項目に優先順位をつけ、大胆にメリハリをつけてデザインする**ことで、「ここに問い合わせればよい」ということが直感的に伝わり、読み手は安心できます。大切なゴール部分ですので、読み手の気持ちに寄り添い、丁寧にデザインしましょう。

「おかたいリーフレット」確認テスト

問1 興味を引くキャッチコピーを書くために大切なポイントのひとつを
次の4つの中から1つ選びなさい。

A. 主語をなくす　　　　　　　　B. 主語を読み手にする

C. 主語を自分にする　　　　　　D. 主語は気にせず書く

_____　　ヒント→P.134

問2 リーフレットの表紙に使う画像に適しているのはどんな画像か。

A. 良い印象のする画像　　　　　B. 解像度の低い画像

C. とにかく無料の素材　　　　　D. どんな画像でもよい

_____　　ヒント→P.135

問3 リーフレット中面の構成を考える時、理想的な構成はどれか。
次の4つの中から1つ選びなさい。

A. 載せることベースの構成　　　B. 知りたいことベースの構成

C. 見せたいことベースの構成　　D. 規則性のないフリー構成

_____　　ヒント→P.142

問4 リーフレット中面で読み手に魅力をPRするためには、どこに
魅力を盛り込むと、より効果的か。次の4つの中から1つ選びなさい。

A. 本文　　　　　　　　　　　　B. 注釈

C. 画像のキャプション　　　　　D. 見出し

_____　　ヒント→P.143

問5　紙面に統一感を出すための、配色のコツはどれか。
　　　次の4つの中から1つ選びなさい。

A.　レインボーカラーを使う　　　B.　補色同士を使う

C.　テーマカラーとその近似色を使う　D.　白と黒だけを使う

　　　　　　　　　　＿＿＿＿＿＿　　ヒント→P.145

問6　リーフレット裏面の役割として理想的なものはどれか。

A.　長文で説得する　　　　　　　B.　読み手をゴールに導く

C.　読み手を圧倒させる　　　　　D.　URLをたくさん載せる

　　　　　　　　　　＿＿＿＿＿＿　　ヒント→P.151

問7　地図をわかりやすくする工夫として適当なものを
　　　次の4つの中から1つ選びなさい。

A.　なるべく詳細な情報を載せる　B.　目印の名称は正確さを最優先する

C.　たくさんの色を使う　　　　　D.　なるべく簡略化する

　　　　　　　　　　＿＿＿＿＿＿　　ヒント→P.152

問8　問い合わせしやすくするためのデザインの工夫として適当なものを
　　　次の4つの中から1つ選びなさい。

A.　文字サイズにメリハリをつける　B.　すべての項目を同じ大きさに揃える

C.　赤字で目立たせる　　　　　　D.　特に工夫は必要ない

　　　　　　　　　　＿＿＿＿＿＿　　ヒント→P.153

「おかたいリーフレット」確認テスト　解答

問1　B　　　問2　A　　　問3　B　　　問4　D

問5　C　　　問6　B　　　問7　D　　　問8　A

第5章 おかたいウェブ広告

今や広報の手段として欠かせない存在となっているウェブ広告。ユーザーの条件に合わせて表示させることもでき、より狙ったターゲットへ届けやすい媒体です。働き盛りの層を中心に、常に新しい情報を探しているネットユーザーに向け、短時間で目にとまり、思わずタップしてしまう広告にアップデートしましょう。

シェアオフィスの新規オープンを、地域の方に向けて
PRする広告バナーです。特長をリストアップしてま
とめたつもりですが、どうも**全然クリックされてない**
ようで…何が原因でしょうか?

バナー広告は、ウェブページ内に表示されるので、基本的に**ユーザーの目に入りにくい**ものと心得ておきましょう。デザインの工夫で、思わず視線が引き寄せられる広告にアップデートすることができます。

どこが改善されたか、わかりますか？

一見情報量が豊富で親切に見えるバナーですが、これと言って**目にとまる場所がない**ことが課題です。ウェブページ中に貼られるバナー広告がユーザーの視界に入るのは一瞬のこと。その**瞬間にアピールできるかどうか**が勝負です。

目にとまる場所がある

強みがわかりやすい

駅から2分、登録不要のシェアオフィス。

翔泳町にOPEN！

SHOEI Labo

詳しくはこちら➡

最低限の情報量

テーマカラーでの配色

そこで、よりバナーが**目にとまりやすくなるための構図**になるよう見直しました。アピールポイントがすぐに伝わるように、レイアウトだけでなく、使う画像、言葉、配色にも工夫しています。とにかく**目に入った瞬間を逃さないこと**がポイントです。

次ページから、ポイントを解説！

パッと目にとまるために
大きなアイキャッチを作ろう

△BEFORE

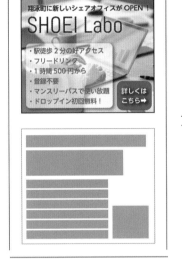

◎AFTER

バナー広告を少しでも目にとまりやすくするために、画像内には**アイキャッチ（目にとまる場所）**を意識して作ることが大切です。

△BEFOREは、各要素のサイズにメリハリがない構成のため、目にとまりにくいデザインです。

◎AFTERのように、**意識的に一番大きなエリアを作る**ことで、そこに視線を誘導することができます。アイキャッチのエリアに、**特に注意を引きやすい「人の顔」「数字」**などを大きく配置することで、効果的に目立つデザインにできます。

ユーザーの興味を引くために
強みをストレートにアピールしよう

△BEFORE

翔泳町に新しいシェアオフィスがOPEN！

◎AFTER

駅から2分、登録不要のシェアオフィス。

アイキャッチで目にとめてもらえたら、**短時間でどれだけこちらの強みをアピールできるか**を考えます。**キャッチコピー**はそのために最も大切な要素です。

△BEFORE のキャッチコピーでは、ただシェアオフィスがオープンすることだけを伝えていて、どんな特長があり、見ている人にとってどんなメリットがあるのかが伝わりません。

◎AFTER では、キャッチコピーの中にアピールポイントを端的にまとめています。短時間で興味を引くためには、わかりにくい**変化球ではなく、アピールポイントをストレートに伝える方**が効果的です。

すぐにサッと情報を入手したいと考えているユーザーにとって、有益な情報をアピールしましょう。

狭いエリアで効果的にアピールするために
最低限の情報にしぼろう

△BEFORE

◎AFTER

広告バナーのエリアは小さいので、前述のようなアイキャッチエリアを確保したり、キャッチコピーで強みをわかりやすくアピールしたりするためには、**最低限の文字量にしぼる**必要があります。

△BEFORE では特長をすべて掲載していますが、狭いエリアに情報を詰め込んでしまうとインパクトがなくなり、**逆に目にとまりにくくなってしまいます。**

◎AFTER では、「どんなものが」「どこにオープンするか」だけに情報をしぼり、シェアオフィスの強みをストレートに伝えて興味を引いています。

小さなバナー広告の中では、文字は書けば書くほど読まれません。**まず興味を引くことに集中**し、詳細はバナーをクリックした先でじっくりアピールしましょう。

強みをシンプルに伝えるために

テーマカラーだけで配色しよう

△BEFORE ────────

◎AFTER ────────

<使用カラー>

<使用カラー>

配色も構成同様シンプルに、**なるべく情報量を少なく**しましょう。

△BEFORE では、青文字は背景のマグカップの色だから、赤いボタンは目立つから、といった理由だけで配色されており、**情報がぶつかりあってゴチャゴチャしたイメージ**になっています。

◎AFTER では、テーマカラーのオレンジ＋白＋黒、というルールに基づいて配色されており、**コピーやイメージ画像が引き立っています**。

また、配色をシンプルに抑えることは**印象に残りやすく**する効果もあるため、繰り返し表示されることの多いバナー広告との相性が良い工夫と言えます。

講座の動画なので黒板をモチーフにしてみました。人の写真を使うと目を引く、と聞いたので入れてみたのですが、思うように**再生数が伸びない**んです。なぜでしょうか…？

今や動画サイトには無数のコンテンツがあふれています。たくさんの小さなサムネイルの中から目にとめてもらうためには、**見たい！と思わせるワクワク感**を強調して、ライバルに差をつけましょう。

167

タイトルをそのまま書く

文字サイズの
メリハリが小さい

フォントが混在している

コントラストが低い

フジイ先生の YouTube 講座 ⑧
サムネイル
の作り方
誰でもカンタン！

このサムネイルは、「見たい！」と思わせる**訴求力が弱い**デザインです。
学校の黒板モチーフに、「先生」「講座」という文字、そして真面目
そうな人物写真が、**いかにも「退屈そうな授業」**のイメージを彷彿と
させています。

気になるフレーズを書く

文字サイズの
メリハリが大きい

フォントは1種類だけ

コントラストが高い

そこで、キャッチフレーズの切り口を変え、かつしっかり注目されるための工夫を施すことで、**言葉とデザインの両面からワクワク感を演出**するよう見直しました。見比べてみて、どちらを見たいと感じましたか？

次ページから、ポイントを解説！

ユーザーの興味を引くには
気になるキャッチコピーを書こう

△BEFORE

> 誰でもカンタン！サムネイルの作り方

⇩

◎AFTER

> 再生数を上げるサムネは○○が違う!!

サムネイル内で**最も重要なのはキャッチコピー**です。

△BEFORE では、動画のタイトルをそのまま書いています。検索ワードを盛り込むという点では有効な書き方ですが、**「他の動画よりも見たい」と思わせるほどの訴求力がありません。**

◎AFTER は、「再生数を上げる」といった期待を感じる言葉を入れる、「サムネ」という略語で親近感をわかせる、伏せ字にして注意を引くなど、**訴求力を高める工夫が施されたコピー**です。

今や検索サイトとして使われるほどポピュラーな YouTube。この動画を必要としている人が**何を一番知りたがっているか**、ユーザーの目線に立って、気になるキャッチコピーを考えましょう。

ひと目で内容を伝えるには
文字サイズにメリハリをつけよう

△BEFORE

◎AFTER

動画のサムネイルは小さく表示されることが多いので、**短くインパクトのある言葉を大きくレイアウト**するのが理想的です。

△BEFOREのように文字サイズにメリハリがないと、長文のように見えてしまい、文字を読むまで内容が把握できません。

◎AFTERでは、「サムネ」という言葉だけを思い切り大きくし、色も変えることで、他の文字とメリハリをつけています。これにより、一覧画面でも「サムネ」という言葉が目に飛び込んでくるようになるため、**ひと目で何の動画か伝わりやすく**なります。

また、顔写真を使う場合は、△BEFOREのように控えめに使うよりも思い切り大きく載せてみましょう。**人の顔は視線を引き付ける効果が高い**ので、大きめにレイアウトした方がインパクトが出ます。よりワクワク感を出すには、できるだけ**表情豊かな写真**を選びましょう。

まとまりを出して目立たせるためには
フォントは1種類にしぼろう

△BEFORE

◎AFTER

にぎやかな雰囲気を出そうと、個性的なフォントを何種類も使うと情報量が増えてしまい、ゴチャゴチャした印象になってしまいます。

△BEFORE では、親近感を出したい意図からポップ体のフォントを使い、さらに黒板のモチーフに合わせて、手書き風のフォントも使っています。

悪くはありませんが、**1種類のフォントだけでサイズのメリハリを**つけた ◎AFTER の方が、スッキリまとまって見えます。

使用するフォントは、デザイン的な意図（ホラー風にしたい、和風にしたい、など）がない限り、**太めのゴシック体がおすすめ**です。サムネイルが小さく表示されても、しっかり目に入ってきます。

個性を出したい場合でも、小さくなっても読みやすい太めのフォントを選ぶようにしましょう。

ライバルよりも目立つためには
コントラストを高くしよう

たくさんのサムネイルの中からパッと目にとめてもらうために、配色**は背景色と文字色のコントラスト（明暗の差）をはっきりつけましょう**。

△BEFORE では、黒板の深緑色と、チョークを模したピンク色とのコントラストが低く、タイトルが目立っていません。

◎AFTER では、紺色の背景色と、白・黄の文字色とのコントラストが高く、文字がよく目立つ配色になっています。

また、**文字はなるべくシンプルな背景上に配置する**ことも、サムネイルを目立たせる工夫のひとつです。複雑な模様や写真の上には文字を配置しないように注意しましょう。

 ちょっとユニークな新事業のPR。他の媒体よりも**新しいものに敏感なユーザーが多い**印象なので、インスタグラムで宣伝することにしました。インパクト強めのレトロな建物で目を引ければと思いましたが、なぜか**おしゃれな感じになりません…!**

こういう物件
いっぱい
あります。

レトロ物件検索は

KAKUREGA

詳しくはこちら ＞

どこが改善されたか、わかりますか？

インスタグラムには、センスのいい投稿を日常的に見ている**目の肥えたユーザー**が集まっています。そのため、いかにもバナー広告っぽいあか抜けないデザインは敬遠されてしまいます。**写真の良さを活かす、ヌケ感のあるデザイン**にアップデートしましょう。

△BEFORE

魅力が伝わるのが遅い

画像とコピーが
バラバラ

視線が泳ぐ
レイアウト

レトロ不動産専門
KAKUREGA

意外とリーズナブル
都心まで1時間のレトロ物件

リノベ古民家に移住した
家族のインタビュー掲載中！

詳しくはこちら

トレンドを意識して
いないデザイン

「インスタグラム広告は画面幅いっぱいに表示されるから」と、
つい情報を詰め込んでしまった例です。しかし、**どんどんス
クロールされていく**中で目をとめてもらうには、これは逆効果。
瞬時に魅力を伝える工夫がされていません。

魅力が伝わるのが速い

画像とコピーが
マッチ

こういう物件
いっぱい
あります。

レトロ物件検索は
KAKUREGA

視線が誘導される
レイアウト

詳しくはこちら

トレンドを意識した
デザイン

そこで、まずは情報量をグッと減らし、情報が**伝わるスピード**を上げました。さらに、キャッチコピーやあしらいもシンプルにして、伝わるスピードをアップ。おしゃれな写真が目にとまりやすい傾向に合わせ、**写真の良さが活きるデザイン**にしました。

次ページから、ポイントを解説！

魅力をシンプルに伝えるために

コピーと画像だけで伝えよう

△BEFORE

◎AFTER

次々とスクロールしていく形式のSNSでは、いかに短時間で興味を引くかが勝負の鍵。文字は伝わる速度が遅いため、**文字量は極力少なくするのが理想的**です。

△BEFORE はウェブサイトのバナー広告にありがちな内容で構成されています。書いてあることを読めば興味がわきますが、読もうと思う前にスクロールされてしまいます。

◎AFTER では、ロゴ以外は**キャッチコピーと写真だけ**でシンプルに構成されており、写真の雰囲気が魅力的に伝わります。

画像や動画自体に説得力が十分にあれば、文字は画像内には入れず、テキスト欄にまかせる構成でもよいでしょう。**いかにイメージで魅力を伝えるか**が、インスタグラムで目を引くコツです。

コピーと画像はセットで考えよう

△BEFORE

◎AFTER

キャッチコピーは、**それ単体で考えるより、画像とセットで考える**と
インパクトが出ます。

△BEFORE では、リンク先のウェブサイトに掲載されているコンテン
ツがコピーになっている例です。画像とコピーが連携しておらず、
どちらのコピーが写真のことを指しているのか、**これが何の広告な
のか?**ということもわかりにくくなっています。

◎AFTER では、「こういう物件」という**写真と連携したわかりやすい
言葉**を組み合わせることで、物件の佇まいを魅力的に伝えています。
同時に、「こういう物件」を探せるウェブサイトの広告、ということ
もわかりやすい構成になっています。

「写真で一言」のような感覚で、画像から伝わってくることをヒント
にコピーを考え、広告にインパクトを出しましょう。

ストレスなく理解してもらうために

視線の動きを少なくしよう

△BEFORE

◎AFTER

内容を理解するまでに時間がかかる広告は、ストレスを与えます。**サラッとストレスなく理解してもらう**ために、視線の動きはなるべく少ないレイアウトが理想的です。

△BEFORE のように、終点まで何度も視線が折り返されるようなレイアウトは、「読むのが大変そう」という心理が働き、内容を理解する前に飛ばされてしまいます。

通常人の視線は、**横書きの場合はZ型、縦書きの場合はN型**に動くのが自然とされています。

この自然な動きに合わせて、◎AFTER のように**始点と終点に要素を配置する**と、ストレスなく内容を把握することができます。

今っぽさを出すために

デザインのトレンドを意識しよう

 △BEFORE

 ◎AFTER

インスタグラムは流行に敏感なユーザーが多いこともあり、**古く感じるデザインは敬遠されてしまう**傾向にあります。

△BEFORE は、写真の雰囲気に合わない色が使われている他、フォントの選び方や、文字詰め、文字の加工など、全体的にトレンドが意識されているとは言えないデザインです。

◎AFTER では、写真の雰囲気を邪魔しない無彩色でデザインされており、フォントもトレンドを意識したものが選ばれています。また、広めの字間や隙間の空いた極細ラインの枠など、**シンプルなあしらいが写真とよくマッチしています。**

フォントの選び方やあしらい、配色など、デザインのトレンドは**雑誌やウェブサイトなどを参考**にして、部分的に取り入れてみましょう。

「おかたいウェブ広告」確認テスト

問1　デザインの中で特に目がとまる場所のことをなんと言うか。
　　　次の4つの中から1つ選びなさい。

A.　アイキャッチ　　　　　　　　B.　アイプレース

C.　アイポジション　　　　　　　D.　アイコントロール

_____　　ヒント→P.162

問2　短時間で効果的に強みをアピールしたい時、最も大切な要素はどれか。

A.　写真やイラスト　　　　　　　B.　大きさ

C.　キャッチコピー　　　　　　　D.　配色

_____　　ヒント→P.163

問3　動画のサムネイルで瞬時に内容を伝えるために効果的な工夫はどれか。
　　　次の4つの中から1つ選びなさい。

A.　できるだけ詳細を書く　　　　B.　文字サイズにメリハリをつける

C.　色をたくさん使う　　　　　　D.　文字サイズを揃える

_____　　ヒント→P.171

問4　動画のサムネイルにまとまりを出したい場合、サムネイル内で
　　　使うフォントは何種類が適当か。

A.　1種類　　　　　　　　　　　B.　2種類

C.　3種類　　　　　　　　　　　D.　4種類

_____　　ヒント→P.172

問5　動画のサムネイル一覧画面で目立たせるために効果的な工夫はどれか。
　　　次の4つの中から1つ選びなさい。

A. 彩度のコントラストを上げる　　　　B. 明度のコントラストを上げる

C. 彩度のコントラストを下げる　　　　D. 明度のコントラストを下げる

ヒント→P.173

問6　ヌケ感のあるデザインにするための工夫として適当なものはどれか。

A. 文字量は極力少なくする　　　　B. 文字量は極力多くする

C. 文字は一切入れない　　　　D. 文字量は考慮しなくてよい

ヒント→P.178

問7　キャッチコピーにインパクトを出すために効果的な工夫はどれか。
　　　次の4つの中から1つ選びなさい。

A. 画像とは別々に考える　　　　B. 画像の邪魔をしないようにする

C. 画像とセットで考える　　　　D. 画像中にコピーは入れない

ヒント→P.179

問8　通常、人の視線はどのように動くのが自然とされているか。
　　　次の4つの中から1つ選びなさい。

A. 横書きはI型、縦書きはZ型　　　　B. 横書きはV型、縦書きはF型

C. 横書きはN型、縦書きはS型　　　　D. 横書きはZ型、縦書きはN型

ヒント→P.180

「おかたいウェブ広告」確認テスト　解答

問1 A　　問2 C　　問3 B　　問4 A

問5 B　　問6 A　　問7 C　　問8 D

第6章

おかたいチラシ・ポスター

ウェブ広告が一般的になった今も、チラシ・ポスターはまだまだ身近なPR手段です。ポスティングしたり、人が集まる場所に掲示したり、特にローカルエリアでのPRに強いのが特長です。そのためには、「気づいてもらうこと」と「見やすいこと」を意識して、しっかりと魅力を伝えられるチラシ・ポスターにアップデートしましょう。

オフライン・オンライン同時開催

個人事業主のための節税セミナー

個人事業主ならではの税金のお悩みに1から
わかりやすくお答えしていくセミナーです

最新の税制改正にそって、これから個人事業主が気をつけるべきこと、節税対策のノウハウをたっぷりご紹介する2時間です。オンラインでも同時開催しますのでぜひお気軽にご参加ください。アーカイブも期間限定配信します。

【日時】
6/14
（日）
14:00〜16:00

【会場】
ホテルしょうえい
大会議室
または
オンライン

【講師】きちんと会計事務所
翔泳 知則
代表税理士

ブログはこちら

〜プロフィール〜
税理士。岡山県出身、45歳。翔泳大学経営学部卒。大学卒業後、一般企業で商品企画や経営管理等に従事する傍ら、独学で税理士資格を取得。2020年にきちんと会計事務所を設立。年間100社を超える中小企業や個人事業主を支援している。代表著書に『経理じゃないのに！』『やってはいけない節税対策』等。

〜主な講座の内容〜
1. 個人事業主に影響する税制改正
2. 税制改正で得をする人、損をする人
3. 経費に関する減税・節税方法
4. 一問一答コーナー

セミナー終了後、親睦会と個別相談会も実施します。

お申し込み・お問い合わせ

申込みはこちら

【参加費】5,000円（税込）
【〆切】5/20（金）12：00
【定員】100名

きちんと会計事務所
【TEL】00-0000-0000
【MAIL】0000@xxx.com

地域の皆さんのお役に立ちたく、セミナーを企画しました。テーマに合わせ、青を基調に信頼感を出したかったのですが、**あやしいセミナーに見えてしまいます**…どうしてでしょうか？

安心感 をUPDATE！

オフライン・オンライン同時開催

個人事業主のための
節税セミナー

個人事業主ならではの税金のお悩みに
1からわかりやすくお答えします。

日時

6/14
（日）
14:00～16:00

会場

ホテルしょうえい
大会議室
または
オンライン

講師 きちんと会計事務所

翔泳 知則　代表税理士

プロフィール

税理士。岡山県出身、45歳。翔泳大学経営学部卒。大学卒業後、一般企業で商品企画や経営管理等に従事する傍ら、独学で税理士資格を取得。2020年にきちんと会計事務所を設立。年間100社を超える中小企業や個人事業主を支援している。代表著書に『経理じゃないのに！』『やってはいけない節税対策』等。

ブログ
更新中！

最新の税制改正にそって、これから個人事業主が気をつけるべきこと、節税対策のノウハウをたっぷりご紹介する2時間です。オンラインでも同時開催しますのでぜひお気軽にご参加ください。アーカイブも期間限定配信します。

主な講座の内容

1. 個人事業主に影響する税制改正
2. 税制改正で得をする人、損をする人
3. 経費に関する減税・節税方法
4. 一問一答コーナー

セミナー終了後、
親睦会・個別相談会
を実施します。

お申し込み・お問い合わせ

申込みはこちら

参加費　5,000円（税込）
〆切　5/20（金）12：00
定員　100名

Ｋ きちんと会計事務所

TEL 00-0000-0000
MAIL 0000@xxx.com

チラシは、知らないことを知る接点となることの多い媒体です。知らないことに対して人は不安を抱きます。チラシからあやしい雰囲気がすれば、その不安は増す一方。そこで、**デザインから安心感を感じる工夫**を施しました。

どこが改善されたか、わかりますか？

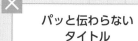

パッと伝わらない
タイトル

繊細な明朝体

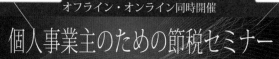

オフライン・オンライン同時開催

個人事業主のための節税セミナー

個人事業主ならではの税金のお悩みに1から
わかりやすくお答えしていくセミナーです

最新の税制改正にそって、これから個人事業主が気をつけるべきこと、節税対策のノウハウをたっぷりご紹介する2時間です。オンラインでも同時開催しますのでぜひお気軽にご参加ください。アーカイブも期間限定配信します。

【日時】
6/14
（日）
14:00〜16:00

【会場】
ホテルしょうえい
大会議室
または
オンライン

【講師】きちんと会計事務所

翔泳 知則
代表税理士

ブログはこちら

〜プロフィール〜
税理士。岡山県出身、45歳。翔泳大学経営学部卒。大学卒業後、一般企業で商品企画や経営管理等に従事する傍ら、独学で税理士資格を取得。2020年にきちんと会計事務所を設立。年間100社を超える中小企業や個人事業主を支援している。代表著書に『経理じゃないのに！』『やってはいけない節税対策』等。

〜主な講座の内容〜

1. 個人事業主に影響する税制改正
2. 税制改正で得をする人、損をする人
3. 経費に関する減税・節税方法

文字が打ちっぱなし
のラベル

〜〜〜ナー

懇親会と個別相談会も実施します。

お申し込み・お問い合わせ

申込みはこちら

【参加費】5,000円（税込）
【〆切】5/20（金）12:00
【定員】100名

きちん〜〜〜

【TEL】00〜〜〜
【MAIL】〜〜〜

ハッキリしない配色

タイトルや日時が大きく案内され、見やすくレイアウトされています。しかしなぜかあやしい雰囲気がしてしまうのは、事務的な明朝体フォント、ぼやけた配色、そしてすべての文字が打ちっぱなしの状態など、**デザインから漠然とした不安を感じる**ことが要因です。

パッと伝わる
タイトル

安定感のあるゴシック体

オフライン・オンライン同時開催

個人事業主のための
節税セミナー

個人事業主ならではの税金のお悩みに
1 からわかりやすく**お答えします。**

講師 きちんと会計事務所

翔泳 知則 代表税理士

プロフィール

税理士。岡山県出身。45 歳。翔
泳大学経営学部卒。大学卒業後、
一般企業で商品企画や経営管理等
に従事する傍ら、独学で税理士資
格を取得。2020 年にきちんと会
計事務所を設立。年間 100 社を
超える中小企業や個人事業主を支援して
いる。代表著書に『経
理じゃないのに！』
『やってはいけない節
税対策』等。

**ブログ
更新中！**

日時

6/14
（日）
14:00〜16:00

会場

**ホテルしょうえい
大会議室**

または

オンライン

最新の税制改正にそって、これから個人事業主が気をつける
べきこと、節税対策のノウハウをたっぷりご紹介する 2 時間
です。オンラインでも同時開催しますのでぜひお気軽にご参
加ください。アーカイブも期間限定配信します。

主な講座の内容

① 個人事業主に影響する税制改正
② 税制改正で得をする人、損をする人
③ 経費に関する減税・節税方法
答コーナー

セミナー終了後、
親睦会・
個別相談会
を実施します。

きちんとデザイン
されたラベル

ハッキリ明るい配色

お申し込み・お問い合わせ

申込みはこちら

参加費 5,000 円（税込）
〆切 5/20（金）12:00
定員 100 名

きちんと会計事

TEL 00-0000-0
MAIL 0000@xxx.com

そこで、フォントと配色を中心に、**安心感を与えられるよ
う**に見直しました。タイトルは太いフォントで安定感を出
したり、ラベルなど細部までデザインしたりすることで、
この**セミナー自体にも「しっかりした感じ」「きちんとした感じ」
といった好印象**が与えられます。

次ページから、ポイントを解説！

タイトルが長くなってしまったら
文字サイズにメリハリをつけよう

△BEFORE

個人事業主のための節税セミナー
個人事業主ならではの税金のお悩みに１から
わかりやすくお答えしていくセミナーです

◎AFTER

個人事業主のための
節税セミナー
個人事業主ならではの税金のお悩みに
１からわかりやすくお答えします。

長くなりがちなセミナー名は、**△BEFORE**のように1行に収めようとすると、1文字が小さくなったり、無理やり縦につぶしてしまったりすることで、内容を理解しにくくなってしまいます。

◎AFTERでは、セミナー名を2行に分け「節税セミナー」だけを大きく目立たせることで、**タイトルに視線を集めています。**

その他の文字は小さく添えることで、セミナーの概要を瞬時に把握することができます。

ターゲットがどんな言葉に反応しやすいかを考え、**一番興味を引く言葉を最も大きく**レイアウトしてみましょう。

頼れるイメージを出すには
安定感のあるフォントを使おう

△BEFORE

◎AFTER

チラシ内で最も大きく書かれ、最初に目にとまるタイトル。そのデザインから受けるイメージは、チラシの**第一印象につながります**。

△BEFORE では、アカデミックなイメージから明朝体を選んでいますが、見方を変えると、繊細で頼りないイメージがします。

◎AFTER で使われている太めのゴシック体は、塗り部分が多く、どっしり構えた安定感のあるイメージがします。このチラシの**ターゲットは困っている状況**なので、使用するのは**安定感を覚えるフォント**が適しています。

フォントはチラシの中で一番多く使われるため、デザインの印象に大きく影響します。表現したい印象に合わせて選びましょう。

きちんとした印象を与えるには

ラベルを丁寧にデザインしよう

△BEFORE

【参加費】5,000円（税込）　　きちんと会計事務所
【〆切】5/20（金）12：00　　【TEL】00-0000-0000
【定員】100名　　　　　　　　【MAIL】0000@xxx.com

◎AFTER

募集要項などの項目ラベルは、ついテキストだけでデザインしてしまいがちです。

△BEFORE では「参加費」などの項目名を【　】で括り、すべてテキストだけでデザインしています。手軽ですが、**文字の打ちっぱなし感**は否めません。

◎AFFTER では、項目名に下地を敷き、**本文と区別をつけてデザインする**ことで、よりわかりやすく案内しています。

手間はかかりますが、こうした細部まで行き届いた丁寧なデザインによって、「**きちんとした印象**」が**アップ**します。

ハッキリ明快なイメージを出すために

コントラストの高い配色にしよう

△BEFORE

◎AFTER

フォント同様、**配色から感じるイメージ**も全体の印象を左右します。

△BEFORE では、中間色である水色の背景色が多く使われています。このため文字色や青丸との**コントラストが低く**なり、全体的にハッキリしない、ぼやけた印象を受けます。

◎AFTER では、背景に白が多く使われています。文字色や青丸とのコントラストが高く、ハッキリとした明快な印象になります。また、最も濃い紺色を最下部の背景に敷くことで**重心が低くなり、紙面に安定感**が出ています。

さらに、アクセントには**彩度を抑えたグリーンで安心感を与える**など、色から受ける印象を意識した配色になっています。

親子いっしょに　　参加者大募集

ものづくり体験

木琴を作ってみよう！

木を切ったり削ったりしながら
音を聞き分けて、正しい音階を
作れるかみんなでチャレンジ！
できあがったら、みんなで
演奏して楽しもう！

日　時：	1月27日（日）10：00〜14：00
対　象：	年長〜小学生とその保護者
受講料：	無料（材料代500円（税込）/1組）
会　場：	翔泳コミュニティセンター3階
定　員：	20組（定員を超えた場合抽選） 当選者にのみメールでお知らせ
持ち物：	お茶
服　装：	汚れても良い服装
〆　切：	12月25日

講師
あそびクリエイター
翔泳　太朗　氏

※託児は申込みが必要です。（6ヶ月以上未就学児）

お問い合わせ
翔泳市　こども課　〒000-0000　翔泳市翔泳町1-1-1
TEL:0000-00-0000　FAX:0000-00-0000
E-mail:syogai@shoeiciry.go.jp

申込用
QRコード

週末に行われている定期イベントの広報担当になりました。毎回趣向を凝らした企画を考えてるけど、内容に合わせて**デザインを考えるのに時間がかかります**…。何かいい解決策はありませんか？

親子ワークショップ

木琴を 作ってみよう！

木を切ったり削ったりしながら音を聞き分けて、正しい音階を
作れるかチャレンジ！　最後はみんなで演奏して楽しもう！

年長～小学生　　親子で　　日曜開催　　託児あり

1/27（日）

10：00～14：00
翔泳コミュニティセンター3階

対　象：	年長～小学生とその保護者
受講料：	無料　（材料代 500 円（税込）/1 組）
定　員：	20 組（定員を超えた場合抽選）
	当選者にのみメールでお知らせ
持ち物：	お茶
服　装：	汚れても良い服装
託　児：	あり（要申込・6 ヶ月以上未就学児）

講師
あそびクリエイター
翔泳 太朗 氏

お問い合わせ

翔泳市　こども課

TEL: 0000-00-0000
FAX: 0000-00-0000
E-mail: syogai@shoeiciry.go.jp

お申し込みはこちら！

応募〆切
12/25

企画に合わせてデザインを作り直すのが難しい場合は、
デザインを**テンプレート化して、作業時間を短縮**するの
がおすすめ。企画そのものに時間をかけて、参加者の
満足度を高めることもPRのひとつです。

どこが改善されたか、わかりますか？

△BEFORE

❌ 場当たり的なデザイン

❌ 事務的なタイトル

❌ 事務的なフォント

❌ 条件がわかりにくい

親子いっしょに　参加者大募集

ものづくり体験

木琴を作ってみよう!

木を切ったり削ったりしながら
音を聞き分けて、正しい音階を
作れるかみんなでチャレンジ!
できあがったら、みんなで
演奏して楽しもう!

日　時:	1月27日（日）　10:00〜14:00
対　象:	年長〜小学生とその保護者
受講料:	無料（材料代500円（税込）/1組）
会　場:	翔泳コミュニティセンター3階
定　員:	20組（定員を超えた場合抽選） 当選者にのみメールでお知らせ
持ち物:	お茶
服　装:	汚れても良い服装
〆　切:	12月25日

講師
あそびクリエイター
翔泳 太朗 氏

※託児は申込みが必要です。（6ヶ月以上未就学児）

お問い合わせ
翔泳市　こども課　〒000-0000　翔泳市翔泳町1-1-1
TEL:0000-00-0000 FAX:0000-00-0000
E-mail:syogai@shoeiciry.go.jp

申込用
QRコード

内容に合ったイメージにしようと色々なイラストを寄せ集めてしまい、
まとまりがない状態です。単発ではないシリーズ企画のチラシでは、
毎回一からデザインを考え直すよりも、初回にデザインを固めておいて、
以降は**最低限の作業量で誰でも更新できる形にしておく**と効率的です。

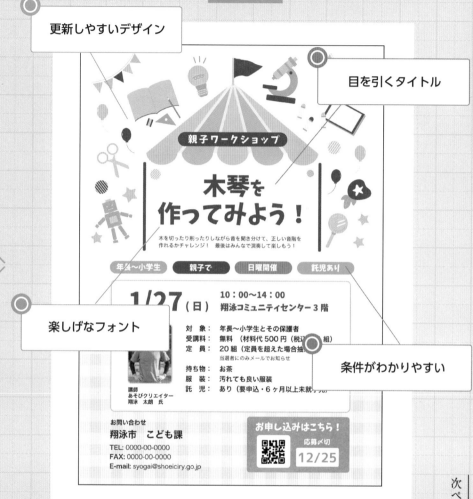

更新しやすいデザイン

目を引くタイトル

楽しげなフォント

条件がわかりやすい

親子ワークショップ

木琴を作ってみよう！

木を切ったり削ったりしながら音を聞き分けて、正しい音階を作れるかチャレンジ！　最後はみんなで演奏して楽しもう！

年長〜小学生　親子で　日曜開催　託児あり

1/27 (日)

10：00〜14：00
翔泳コミュニティセンター 3 階

対　象：	年長〜小学生とその保護者
受講料：	無料　（材料代 500 円（税込）/組）
定　員：	20 組（定員を超えた場合抽選）
	当選者にのみメールでお知らせ
持ち物：	お茶
服　装：	汚れても良い服装
託　児：	あり（要申込・6 ヶ月以上未就学児）

講師
あそびクリエイター
翔泳 太朗 氏

お問い合わせ
翔泳市　こども課
TEL: 0000-00-0000
FAX: 0000-00-0000
E-mail: syogai@shoeiciry.go.jp

お申し込みはこちら！

応募〆切
12/25

まずベースデザインはフォントや色使いを見直し、子ども向けの楽しいイベントであることを伝えています。その上で、誰もが更新しやすい構成に整え、参加条件をバッジ化するなどの**機能性を加える**ことで、情報をつかみやすくしました。

次ページから、ポイントを解説！

更新のスピードを優先するなら
テンプレート化してみよう

◎ AFTER

グレーの箇所だけを更新　　　　　別の企画で更新した例

企画に合わせ1からデザインを最適化するのに時間がかかる場合は、デザインをテンプレート化するのがおすすめです。

決められた部分のみを更新することで**作業時間が短縮**されるだけでなく、同じレイアウト、フォント、配色のまま更新されるため、担当者が代わっても一定の**クオリティを担保できます。**

また、デザインをテンプレート化することで、見る人にとっても「見たことがある」「あのイベントだ」と**覚えてもらいやすくなる**メリットもあります。

パッと目をとめてもらうために
訴求力の高いタイトルをつけよう

△BEFORE

⇩

◎ AFTER

木琴を
作ってみよう！

デザインをテンプレート化する場合、デザインの変化が少なくなる分、**タイトルで魅力を伝える必要があります。**

△BEFORE は慣例的につけられた大味なタイトルで、参加者がどんな体験をできるのか、魅力が伝わってきません。

◎AFTER のように、なるべくわかりやすく魅力を伝え、見る人の興味を引くタイトルが理想的です。

子ども向けイベントであれば面白そうなタイトル、セミナーであれば講演を聞いてみたくなるタイトルなど、内容やターゲットに合わせ、**訴求力の高いタイトルを検討**してみましょう。

タイトルに個性を出したい時は
無料フォントを探してみよう

△BEFORE

木琴を作ってみよう！

メイリオ ボールド

◎AFTER

木琴を作ってみよう！

けいふぉんと（無料フォント）

デザインテンプレートは、初回に固めたデザインが引き継がれるため、見た目の印象を左右しやすい**フォント選びは特に大切**です。

本文は読みやすさ重視のフォントがおすすめですが、タイトルで大きく使うフォントはやや個性的にして、キャラクターを出してみましょう。

△BEFORE は、システムに入っているフォントのため認知度が高く、平凡な印象を与えてしまいます。◎AFTER は、**商用利用可能な無料フォント**を使い、楽しくポップな雰囲気を表現しています。

「日本語フォント」で検索すると、クオリティの高い無料フォントがたくさんヒットします。利用規約に注意しながら、デザインに取り入れてみましょう。

概要をパッと伝えるために
キーワードをアイキャッチにしよう

△BEFORE

```
日  時： 1月27日（日）10：00～14：00
対  象： 年長～小学生とその保護者
受講料： 無料　（材料代500円（税込）/1組）
会  場： 翔泳コミュニティセンター3階
定  員： 20組（定員を超えた場合抽選）
        当選者にのみメールでお知らせ
持ち物： お茶
服  装： 汚れても良い服装
〆  切： 12月25日
※託児は申込みが必要です。（6ヶ月以上未就学児）
```

⇒

◎AFTER

年長～小学生

日曜開催

託児あり

チラシはじっくり読まれるものではないので、**パッと概要がつかめると親切です。** テンプレート化する時も、情報をつかみやすくする工夫を最初に施しておきましょう。

△BEFORE は、本文エリアに文字情報だけで案内している状態です。イベントの対象年齢や託児サービスを利用できることなどの詳細が、**本文を読むまで伝わりません。**

◎AFTER では、本文とは別に、文中からキーワードを抜き出して並べています。アイキャッチにすることで、本文よりも先にキーワードが目に入るため、素早く概要を把握することができます。

特長やメリットを先にキーワードで伝えることで興味を引き、その後に本文中で詳細を確認できる構成にしておくと、しっかり魅力が伝わるチラシになります。

自分もチラシよく読まないもんな…

201

電話でのこんな話にはご用心！

「○○電気店です。買い物にあなた名義のクレジットカードが使用されています。心当たりはありませんか？」

「事故で急にお金が必要になったから今から用意して！」

「○○市役所です。保険料の払いすぎたお金を返金します。あなたの口座番号を教えてください」

「○○百貨店です。あなたのクレジットカードでブランド品を購入した人がいます。心当たりはありませんか？」

「あなたのクレジットカードが悪用されています。キャッシュカードも悪用される可能性があり、預金が危ないです」

「今から銀行の職員が伺うので、キャッシュカードを渡してください。手続きに必要なので、暗証番号も教えてください」

「あなたのキャッシュカードが古いので、返金ができません。新しいカードと交換する必要があります」

「キャッシュカードを預かりに担当の者が伺います」

「キャッシュカードを預かります」「暗証番号を教えて」は、詐欺です！！！

不審な電話がかかってきたらすぐに警察へ通報を！

翔泳県警　ニセ電話詐欺被害相談 110番 0120-000000

地域住民への啓発チラシです。なるべく詳細が伝わればと思い、最新情報を盛り込んで**警戒を促す配色**にしてみましたが、あまり効果を実感できていません…。効果的な啓発チラシってどう作ればいいですか？

電話の近くに貼っておきましょう

お金の電話が来たら…

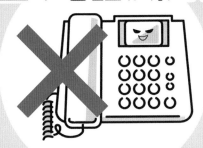

このチラシを見て！

クレジットカード **キャッシュカード** が会話に出たら

1	おちついて深呼吸

⬇

2	電話をきって

⬇

3	家族か警察へすぐ相談

翔泳県警　ニセ電話詐欺被害相談110番

0120-000000

ダイヤル後、自動音声の案内に従い、「**1番**」を押してください。

啓発チラシは「自分は大丈夫だろう」と思っている人が
メインターゲットなので、**読んでもらえる可能性が低い**
と思っておきましょう。そのため、なるべく文字を少なく、
伝えるメッセージはシンプルにすることがポイントです。

どこが改善されたか、わかりますか？ →

203

△BEFORE

❌ 情報量が多い

❌ 一度見て終わりの
デザイン

❌ みだりに使われた
警告色

❌ 出口が小さい

警戒してほしいという気持ちから、ついついたくさんの情報を盛り込んでしまっている状態です。**危険を知らせる警告色だらけの配色がさらなる不快感を与えてしまい、メインターゲットである年配の方にはメッセージが伝わりにくいデザインです。**

○ AFTER

情報量が少ない

継続して使用できる
デザイン

電話の近くに貼っておきましょう

お金の電話が来たら…

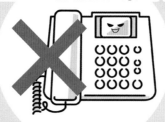

このチラシを見て！

クレジットカード　キャッシュカード が会話に出たら

効果的に使われた
警告色

1	おちついて深呼吸

↓

	電話をきって

↓

3	家族か警察へすぐ相談

出口が大きい

翔泳県警　ニセ電話詐欺被害相談 110 番
0120-000000
ダイヤル後、自動音声の案内に従い、「1番」を押してください。

まずは**メッセージも配色もシンプル**にして、年配の方が見てもわかりやすい構成に。また「電話が来てもこのチラシを見れば安心」と思ってもらえるお守りのような機能性を持たせ、**繰り返し啓発**できるよう工夫しました。

次ページから、ポイントを解説！→

しっかりとメッセージを印象づけるために

シンプルな構成にしよう

△BEFORE

◎AFTER

啓発広告の役割は、その事柄に**関心の低い人に注意や行動を促す**ことです。元々関心が低い人に、△BEFORE のような文字だらけのチラシを渡しても、読まれないまま…ということも。ポスターの場合も、サイズが大きいからといって情報で埋めてしまうのは NG です。

◎AFTER では、**メッセージをシンプルに**して文字数を極力減らしています。文字を少なくすることで1文字を大きくできるため、**理解するスピードが上がります**。また、シンプルな構成にすることで、ポスターに引き伸ばして掲示する時も目にとまりやすくなります。

啓発広告は言葉だけで伝えようとせず、**ビジュアル＋短いコピーでパッと印象に残す**ことを意識して構成を考えましょう。

繰り返し啓発するために
日常的に目に触れる工夫を施そう

△BEFORE

◎AFTER

啓発活動は、ターゲットに対して**繰り返し行う**ことが効果的です。

△BEFORE は犯罪パターンを網羅して啓発しています。詳しく知りたい人に向けて単発的には効果がありますが、一度読んでしまうと、また別の機会に出会うまでこのテーマに触れることはありません。

◎AFTER では、「電話の近くに貼っておきましょう」と明示し、いつあやしい電話がかかってきても、落ち着いてこの通りに行動しましょう、というマニュアルを記載しています。**目に触れる場所に貼っておく**ことで、日常的に警戒意識を高める効果が期待できます。

他にも、カレンダーと組み合わせたり、すごろく形式にしたりするなど、**機能性やゲーム性をプラスする**ことで啓発力を高めることができます。

読みやすさを確保するために
警告色はアクセントとして使おう

◎ AFTER

危険を知らせる内容であっても、赤や黄色などの警告色は、余程**の高い重要性や緊急性がない限りは多用しない**ようにしましょう。

△BEFORE のように警告色を背景などの広範囲に使うと、チラシそのものは目立つようになりますが、**文字が読みにくくなってしまう**だけでなく、あやしいイメージが先に立ち、敬遠されてしまいます。

◎AFTER では、安心感を覚えさせるグリーンと落ち着いたグレーをベースに、**警告色の赤はアクセントカラー**として使っています。

アクセントカラーは、**シンプルな配色の中で部分使い**することで相対的に目立ち、視線を集める効果があります。

この作例の場合は、危険を伝えるバツ印や、「クレジットカード」「キャッシュカード」など特に印象に残したい言葉に使って注目させています。

安心感を与えるために
出口を大きくデザインしよう

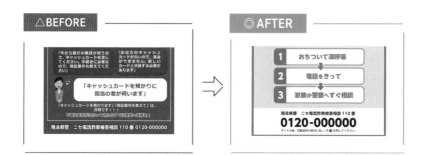

注意を促す啓発チラシでは、読み手を不安にさせる内容が含まれることもあります。その際は、**相談先を最後に大きくデザイン**しましょう。

△BEFORE では、本文とほぼ同じサイズで電話番号が書かれているため、その存在に気づきにくいデザインです。

◎AFTER のように、**本文と異なるデザインで大きく**書かれていれば、このチラシの出口として無理なく認識することができます。その際も、色の多用や不要な装飾はなるべく避け、できるだけシンプルに、メリハリをつけてレイアウトするのがポイントです。

電話番号や、詳細情報へアクセスできるQRコード、検索ワードなど、チラシの出口を大きくデザインすることで、不安を感じている**読み手に安心感を与える**ことができます。

みどり保全運動支援補助事業

翔泳市みどり環境課では NPO・ボランティア団体、企業などの団体・グループから、みどりの保全・創出・活用を推進する事業を募集し、審査の上、適当と認める事業について補助金を交付し、その活動を支援しています。

【対象となる活動例】

＊自治会による地元の公園や商店街での花壇づくり・植栽
＊街路樹や道路脇の植え込みの手入れ
＊PTA による学校のみどりを増やすため校庭に木を植える活動
＊ボランティア団体による河川周辺の緑地の維持管理活動
＊地域の有志による近所の雑木林での自然観察会や保全活動

　　　　　　　　　　　　　　などの活動が対象となります。

本年度募集内容

補助額：上限 10 万円　　※5 万円以下の部分は補助率 100%
　　　　　　　　　　　　　5 万円を超える部分は補助率 50%です

【補助の対象となる費用例】　※各費目で申請額の制限等があります。

＊苗木や草刈鎌などの資材・消耗品費
＊自然観察教室講師への報酬費
＊油圧ショベルなどの借り上げ費　など

翔泳市みどり保全運動支援補助事業
翔泳市みどり環境課
TEL:00-0000-0000

申込方法などは裏面へ

新しい事業案内のチラシを作ってみました。正確な情報もきちんと入れたし、バッチリ!!…と思ったら、「堅苦しい」と言われてしまいました…。花のイメージも入れたのにな〜。

このまちを
花と緑で彩ろう
プロジェクト

翔泳市は、みどりを大切にする活動を
補助金でサポートしています。

上限
10
万円

商店街の緑化　　学校の庭木剪定　　自然環境観察会

町中の花壇づくり　　川の美化活動　　自治会の除草作業

翔泳市みどり環境課では NPO・ボランティア団体、企業など
の団体・グループから、みどりの保全・創出・活用を推
進する事業を募集し、審査の上、適当と認める事業につい
て補助金を交付し、その活動を支援しています。

補助の対象など詳細は裏面へ

翔泳市みどり保全運動支援補助事業　翔泳市みどり環境課 TEL:00-0000-0000

堅苦しさの原因は、文字ばかりで事務的な書類に見え
てしまうこと。もっと親しみやすく事業内容を知ってもら
うため、**文章をイメージに置き換えて伝達力をアップデー**
トしました。

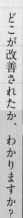

どこが改善されたか、わかりますか？

211

事業名がタイトル

みどり保全運動支援補助事業

翔泳市みどり環境課では NPO・ボランティア団体、企業などの団体・グループから、みどりの保全・創出・活用を推進する事業を募集し、審査の上、適当と認める事業について補助金を交付し、その活動を支援しています。

文章で伝えている

事務的な
あしらい

【対象となる活動例】

* 自治会による地元の公園や商店街での花壇づくり・植栽
* 街路樹や道路脇の植え込みの手入れ
* PTA による学校のみどりを増やすため校庭に木を植える活動
* ボランティア団体による河川周辺の緑地の維持管理活動
* 地域の有志による近所の雑木林での自然観察会や保全活動
                   などの活動が対象となります。

本年度募集内容

補助額:上限 10 万円　　※5 万円以下の部分は補助率 100%
　　　　　　　　　　　　　5 万円を超える部分は補助率 50%で

【補助の対象となる費用例】　※各費目で申請額の制限等があります。

* 苗木や草刈鎌などの資材・消耗品費
* 自然観察教室講師への報酬費
* 油圧ショベルなどの借り上げ費　など

情報量が多い

翔泳市みどり保全運動支援補助事業
翔泳市みどり環境課
TEL:00-0000-0000

申込方法などは裏面へ

背景の花のイラストで「緑化」のイメージは伝わりますが、タイトルのつけ方が事務的で、イラスト以外はすべて文字なので、チラシというよりも**文書に近いデザイン**です。気軽に手に取り、この事業に興味を持ってもらうことは難しいでしょう。

キャッチーなタイトル

画像で伝えている

テーマに沿った
あしらい

最低限の情報量

このまちを花と緑で彩ろうプロジェクト

翔泳市は、みどりを大切にする活動を
補助金でサポートしています。

上限
10
万円

- 商店街の緑化
- 学校の庭木剪定
- 自然環境観察会
- 町中の花壇づくり
- 川の美化活動
- 自治会の除草作業

翔泳市みどり環境課では NPO・ボランティア団体、企業な
どの団体・グループから、みどりの保全・創出・活用を推
進する事業を募集し、審査の上、適当と認める事業につい
て補助金を交付し、その活動を支援しています。

補助の対象など詳細は裏面へ

翔泳市みどり保全運動支援補助事業　翔泳市みどり環境課 TEL:00-0000-0000

次ページから、ポイントを解説！→

そこで、堅苦しさを払拭し親しみやすくPRするために、
デザインをテーマに沿って大きく見直しました。文章で
説明しているところはなるべく**イメージやアイコンなどに
変換**し、直感的に内容がつかめるようにしています。

おかたいイメージを払拭するために
キャッチーなタイトルをつけよう

△ BEFORE ─────────────────

みどり保全運動支援補助事業

⇩

◎ AFTER ─────────────────

このまちを花と緑で彩ろう
プロジェクト

わかり
やすい！

新しいことを広く周知するのが目的のチラシやポスターでは、**ポップで親しみやすいタイトル**が効果的です。

△ BEFORE は、事業名をそのままタイトルにしているため、おかたい印象が強く、チラシを気軽に手に取ることができません。

◎ AFTER では、より身近でわかりやすい言葉を選んでいます。「プロジェクト」という言葉を使い、みんなでまちを美しくする取り組みであることを表現しています。

伝わりやすい言葉を選ぶことも、デザインマナーのひとつです。言葉から受ける印象や、見た目のわかりやすさ、覚えやすさなども意識しながら、より親しみやすいタイトルを検討してみましょう。

伝わるスピードを上げるために

文章をイメージに置き換えよう

△BEFORE

【対象となる活動例】
＊自治会による地元の公園や商店街での花壇づくり・植栽
＊街路樹や道路脇の植え込みの手入れ
＊PTAによる学校のみどりを増やすため校庭に木を植える活動
＊ボランティア団体による河川周辺の緑地の維持管理活動
＊地域の有志による近所の雑木林での自然観察会や保全活動

な どの活動が対象となります。

◎AFTER

商店街の緑化　　学校の庭木剪定　　自然環境観察会

町中の花壇づくり　　川の美化活動　　自治会の除草作業

画像は文章よりも伝わるスピードが速いため、よりわかりやすいデザインに仕上がります。

△BEFORE は、箇条書きでさまざまな活動を紹介していますが、文字が主体の伝わりにくいデザインです。

◎AFTER は、それぞれを写真と短い見出しに置き換えているので、文章を読むよりもずっと速く内容が伝わります。

文字が多いと感じたら、**写真・イラスト・図・表など**、イメージに置き換えられるところがないか見直してみましょう。

事務的な印象を与えないために

テーマに合わせた装飾をしよう

△ BEFORE

◎ AFTER

メイングラフィックだけでなく、全体の色や形、装飾（あしらい）は、**テーマに沿ったものを選ぶ**とデザインに統一感が出ます。

△ BEFORE は、タイトル以降、矩形（くけい）で囲んだだけの汎用的なあしらいが続き、ここからも事務的な印象を受けてしまいます。

この事業は「緑化」がテーマなので、◎ AFTER では、花・土・空・植木鉢など、**テーマから連想するモチーフ**でデザインしています。また、「活動をサポートするイメージ」は水やりで表現しています。

文字ばかりで味気ないと感じたら、**言葉ではなく装飾からも**イメージを伝えるようにすると、デザインがグッとレベルアップします。

まず興味を持ってもらうために
表面でしっかり概要を伝えよう

△BEFORE

みどり保全運動支援補助事業

翔泳市みどり環境課では NPO・ボランティア団体、企業などの団体・グループから、みどりの保全・創出・活用を推進する事業を募集し、審査の上、適当と認める事業について補助金を交付し、その活動を支援しています。

◎AFTER

チラシを見る時は通常、**表面から見て、興味がわけば裏面に進む**、という大きな流れがあります。

△BEFORE のように、チラシの冒頭から文字情報が羅列されていると、**興味を持つ前に離脱されてしまう**恐れがあります。

◎AFTER では、文字情報を必要最低限に抑え、「こういった事業がある」ことだけを、シンプルに伝えています。

チラシの表面は初対面の人への自己紹介という気持ちで、まずは要点だけを伝え、条件などの詳細情報は、裏面やWEBなどに用意しておきましょう。

「おかたいチラシ・ポスター」確認テスト

問1 長いタイトルでもわかりやすく伝えるための工夫はどれか。
次の4つの中から1つ選びなさい。

A. 長体をかける
B. 単語ごとに色を変える
C. サイズにメリハリをつける
D. 明朝体で書く

_____ ヒント→P.190

問2 ハッキリ明快なイメージを感じる配色にするために大切なことは？

A. 派手な色を使う
B. コントラストを上げる
C. コントラストを下げる
D. 無彩色だけを使う

_____ ヒント→P.193

問3 頻繁に更新されるチラシやポスターで、更新しやすくするための
工夫を次の4つの中から1つ選びなさい。

A. 文字だけで作る
B. テンプレート化する
C. 担当者を代えない
D. プロに外注する

_____ ヒント→P.198

問4 本文を読む前に概要を伝えるためにできる工夫はどれか。
次の4つの中から1つ選びなさい。

A. キーワードを囲む
B. キーワードを太字にする
C. キーワードに下線を引く
D. キーワードをアイキャッチにする

_____ ヒント→P.201

問5　啓発広告のメッセージをより強く印象づけるためにできる工夫を
　　　次の4つの中から1つ選びなさい。

A.　できるだけ詳しく書く　　　　　B.　できるだけシンプルに書く

C.　できるだけ強い口調で書く　　　D.　できるだけ専門用語で書く

_____　　ヒント→P.206

問6　啓発力を上げるために有効な工夫はどれか。

A.　一度でしっかり啓発する　　　　B.　大規模に啓発する

C.　繰り返し啓発する　　　　　　　D.　恐怖心を煽って啓発する

_____　　ヒント→P.207

問7　チラシの概要が伝わるスピードを上げるために有効な工夫はどれか。
　　　次の4つの中から1つ選びなさい。

A.　文章をイメージに置き換える　　B.　できるだけ文章量を増やす

C.　文字を目立つ色にする　　　　　D.　できるだけ大きな文字にする

_____　　ヒント→P.215

問8　「エコ」がテーマのチラシにふさわしいデザインモチーフはどれか。
　　　次の4つの中から1つ選びなさい。

A.　黒板・本・時計・文房具　　　　B.　ビル・車・バス・電車

C.　ピアノ・音符・花・木目　　　　D.　空・新緑・水・風

_____　　ヒント→P.216

「おかたいチラシ・ポスター」確認テスト　解答

| 問 1 | C | | 問 2 | B | | 問 3 | B | | 問 4 | D |

| 問 5 | B | | 問 6 | C | | 問 7 | A | | 問 8 | D |

NG例から学ぶデザイン入門書

やってはいけないデザイン

平本 久美子・著
翔泳社　本体価格1,800円＋税

発売から13刷を重ねるベストセラー。デザインしてみたけれど、なぜかダサくなってしまう…とお悩みの方に。初心者がやってしまいがちなデザインのNG例と、すぐに試せる改善例をやさしい言葉で紹介しています。配色サンプル、画像の扱い方、おすすめの無料素材サイトや無料フォントの一覧も。手元に置いておくと安心な1冊です。

ノンデザイナー向けデザイン講座を全収録

失敗しないデザイン

平本 久美子・著
翔泳社　本体価格1,800円＋税

全国の広報セミナーに登壇してきた著者による初級者向けデザイン講義を、まるごと書き起こした1冊。豊富なビフォーアフター例を用いながら、NGデザインのどこをどう直せばOKデザインになるのか、具体的に学ぶことができます。より実践的なテクニックを知りたい方におすすめ。

おわりに

『おかたいデザイン』を最後までお読みいただきありがとうございました。

「平本さん、また1冊書きませんか?」とご連絡をいただいたのは、前著発売後まもない頃だったでしょうか。とてもありがたいお話でしたが、"ノンデザイナーさん向けのデザイン入門書"というコンセプトでの執筆は、通算5冊目。

「すみません、さすがにもうネタが…」とお返事しかけましたが、いや、それまでの自分のデザイン講座を整理する良いきっかけでは? と思い直し、直近3年分の受講者アンケートをすべて振り返るところから企画がスタートしました。

講座の中で最も高評価だったのは「デザインお直しクリニック」でした。受講者さんが自作したチラシを、もし私がリニューアルしたら? という仮定で、全力リメイクするコーナーです。

応募いただいた作品の中から、特に良い(リメイクし甲斐のある)作品を数点選んで事前にリメイク。そのビフォー&アフターを見比べながら、どこをどのように、なぜ改善したのかを解説し、その日の講座をおさらいします。

「具体的に添削されることで、どこがNGなのかよくわかった」
など、満足度の高いご意見を多くいただいたので、このリメイ
ク部分を1冊の本にまとめてみました。

本文中、「あれ？　このポイント、他の章でも言ってなかった？」
と気づかれたかもしれません。そう。媒体は変われど、共通し
て私が大切にしていることは3つです。

「メリハリをつける」（気づいてもらうため）
「長文を書かない」（要点を伝えるため）
「色を使いすぎない」（見やすくするため）

視線をとらえ、要点をしっかり伝えるためには欠かせないポイン
トなので、改善点として繰り返しお伝えしました。今後の皆さま
の広報力アップデートにお役立ていただければ幸いです。

最後に、この場をお借りしまして、貴重な機会をくださった（株）
翔泳社の皆さま、（公社）日本広報協会の皆さま、活動を支え
てくれている親愛なる家族に、心より御礼申し上げます。

2023年3月　平本 久美子

■お問い合わせ
本書に関するご質問や正誤表については
下記のWebサイトをご参照ください。

刊行物Q&A
https://www.shoeisha.co.jp/book/qa/
正誤表
https://www.shoeisha.co.jp/book/errata/

インターネットをご利用でない場合は、FAX
または郵便にて、下記までお問い合わせくだ
さい。

〒160-0006 東京都新宿区舟町5
FAX番号：03-5362-3818
宛先：（株）翔泳社 愛読者サービスセンター

電話でのご質問はお受けしておりません。

●回答について
回答は、ご質問いただいた手段によってご返
事申し上げます。ご質問の内容によっては、
回答に数日ないしはそれ以上の期間を要する
場合があります。

●ご質問に際してのご注意
本書の対象を越えるもの、記述個所を特定さ
れないもの、また読者固有の環境に起因する
ご質問等にはお答えできませんので、予めご
了承ください。

ISBN978-4-7981-7593-5

Printed in Japan.

装丁・デザイン　平本 久美子
イラスト　　　　平本 剛規
編集　　　　　　本田 麻湖

おかたいデザイン

2023年4月19日　初版第1刷発行
2023年6月15日　初版第2刷発行

著　者　　平本 久美子（ひらもと くみこ）
発行人　　佐々木 幹夫
発行所　　株式会社 翔泳社
（https://www.shoeisha.co.jp）
印刷・製本　株式会社広済堂ネクスト

©2023 Kumiko Hiramoto